“一带一路”生态环境遥感监测丛书

“一带一路”
非洲东北部区生态环境遥感监测

俞 乐 宫 鹏 程瑜琪 徐伊迪 李雪草 著

科 学 出 版 社
北 京

内 容 简 介

本书利用遥感技术手段在获取宏观、动态的非洲东北部区域（包括摩洛哥、阿尔及利亚、突尼斯、利比亚、埃及、苏丹、吉布提、厄立特里亚、索马里、肯尼亚、埃塞俄比亚 11 个国家）多要素地表信息的基础上，开展生态环境遥感监测评价，系统总结非洲东北部区域的生态资源分布与生态环境限制、重要节点城市与港口。相关成果可为科学认知非洲东北部区域生态环境本底状况，发现其时空变化特点和规律，提供数据基础。

本书可供国土资源和生态环境保护机构及从事资源、环境、生态、遥感与地理信息系统等领域的科研部门、大专院校相关专业师生借鉴和参考。

审图号：GS(2018)5102 号

图书在版编目（CIP）数据

“一带一路”非洲东北部区生态环境遥感监测 / 俞乐等著 .—北京：科学出版社，2019.4

（“一带一路”生态环境遥感监测丛书）

ISBN 978-7-03-051281-9

Ⅰ . ①一…　Ⅱ . ①俞…　Ⅲ . ①区域生态环境－环境遥感－环境监测－非洲　Ⅳ . ① X87

中国版本图书馆 CIP 数据核字 (2016) 第 320033 号

责任编辑：朱　丽　朱海燕　籍利平 / 责任校对：何艳萍

责任印制：吴兆东 / 封面设计：图阅社

科学出版社 出版

北京东黄城根北街 16 号

邮政编码 :100717

http://www.sciencep.com

北京虎彩文化传播有限公司 印刷

科学出版社发行　各地新华书店经销

*

2019 年 4 月第　一　版　开本：787 × 1092　1/16

2019 年 4 月第一次印刷　印张：5

字数：100 000

定价：99.00 元

（如有印装质量问题，我社负责调换）

“一带一路”生态环境遥感监测丛书
编委会

本书编写委员会

主　　笔　俞　乐

副 主 笔　宫　鹏

制　　图　程瑜琪

执笔人员　徐伊迪　　李雪草

丛书出版说明

2013年9月和10月，习近平主席在出访中亚和东南亚国家期间，先后提出了共建“丝绸之路经济带”和“21世纪海上丝绸之路”（简称“一带一路”）的重大倡议。2015年3月28日，国家发展和改革委员会、外交部和商务部联合发布《推动共建丝绸之路经济带和21世纪海上丝绸之路的愿景与行动》（简称《愿景与行动》），“一带一路”倡议开始全面推进和实施。

“一带一路”陆域和海域空间范围广阔，生态环境的区域差异大，时空变化特征明显。全面协调“一带一路”建设与生态环境保护之间的关系，实现相关区域的绿色发展，亟需利用遥感技术手段快速获取宏观、动态的“一带一路”区域多要素地表信息，开展生态环境遥感监测。通过获取“一带一路”区域生态环境背景信息，厘清生态脆弱区、环境质量退化区、重点生态保护区等，可为科学认知区域生态环境本底状况提供数据基础；同时，通过遥感技术快速获取“一带一路”陆域和海域生态环境要素动态变化，发现其生态环境时空变化特点和规律，可为科学评价“一带一路”建设的生态环境影响提供科技支撑；此外，重要廊道和节点城市高分辨率遥感信息的获取，还将为开展“一带一路”建设项目投资前期、中期、后期生态环境监测与评估，分析其生态环境特征、发展潜力及可能存在的生态环境风险提供重要保障。

在此背景下，国家遥感中心联合遥感科学国家重点实验室于2016年6月6日发布了《全球生态环境遥感监测2015年度报告》，首次针对“一带一路”开展生态环境遥感监测工作。年报秉承“一带一路”倡议提出的可持续发展和合作共赢理念，针对“一带一路”沿线国家和地区，利用长时间序列的国内外卫星遥感数据，系统生成了监测区域现势性较强的土地覆盖、植被生长状态、农情、海洋环境等生态环境遥感专题数据产品，对“一带一路”陆域和海域生态环境、典型经济合作走廊与交通运输通道、重要节点城市和港口开展了遥感综合分析，取得了系列监测结果。因年度报告篇幅有限，特出版《“一带一路”生态环境遥感监测丛书》作为补充。

丛书基于“一带一路”国际合作框架，以及“一带一路”所穿越的主要区域的地理位置、自然地理环境、社会经济发展特征、与中国交流合作的密切程度、陆域和海域特点等，分为蒙俄区（蒙古和俄罗斯区）、东南亚区、南亚区、中亚区、西亚区、欧洲区、非洲东北部区、海域、海港城市共9个部分，覆盖100多个国家和地区，针对陆域7大区域、

6个经济走廊及26个重要节点城市的生态环境基本特征、土地利用程度、约束性因素等，以及12个海区、13个近海海域和25个港口城市的生态环境状况进行了系统分析。

丛书选取2002～2015年的FY、HY、HJ、GF和Landsat、Terra/Aqua等共11种卫星、16个传感器的多源、多时空尺度遥感数据，通过数据标准化处理和模型运算生成31种遥感产品，在"一带一路"沿线区域开展土地覆盖、植被生长状态与生物量、辐射收支与水热通量、农情、海岸线、海表温度和盐分、海水浑浊度、浮游植物生物量和初级生产力等要素的专题分析。在上述工作中，通过一系列关键技术协同攻关，实现了"一带一路"陆域和海域上的遥感全覆盖和长时间序列的监测，实现了国产卫星与国外卫星数据的综合应用与联合反演多种遥感产品；实现了遥感数据、地表参数产品与辅助分析决策的无缝链接，体现了我国遥感科学界在突破大尺度、长时序生态环境遥感监测关键技术方面取得的创新性成就。

丛书由来自中国科学院遥感与数字地球研究所、中国科学院地理科学与资源研究所、国家海洋局第二海洋研究所、中国林业科学研究院资源信息研究所、北京师范大学、清华大学、中国科学院烟台海岸带研究所、中国科学院新疆生态与地理研究所8家单位的9个研究团队共50余位专家编写。丛书凝聚了国家高技术研究发展计划（863计划）等科技计划研发成果，构建了"一带一路"倡议启动期的区域生态环境基线，展示了这一热点领域的最新研究成果和技术突破。

丛书的出版有助于推动国际间相关领域信息的开放共享，使相关国家、机构和人员全面掌握"一带一路"生态环境现状和时空变化规律；有助于中国遥感事业为"一带一路"沿线各国不断提供生态环境监测服务，支持合作框架内有关国家开展生态环境遥感合作研究，共同促进这一区域的可持续发展。

中国作为地球观测组织（GEO）的创始国和联合主席国，通过GEO合作平台，有意愿和责任向世界开放共享其全球地球观测数据，并努力提供相关的信息产品和服务。丛书的出版将有助于GEO中国秘书处加强在"一带一路"生态环境遥感监测方面的工作，为各国政府、研究机构和国际组织研究环境问题和制定环境政策提供及时准确的科学信息，进而加深国际社会和广大公众对"一带一路"生态建设与环境保护的认识和理解。

李加洪　刘纪远

2016年11月30日

前　言

“一带一路”非洲东北部陆域途经区域范围广阔，自然环境复杂多样。非洲东北部受干旱的强烈影响，自然灾害频发，生态环境要素异动频繁，全面协调“一带一路”建设与生态环境可持续发展，亟需利用遥感技术手段快速获取宏观、动态的全球及区域多要素地表信息，开展生态环境遥感监测。本书秉承“一带一路”倡议提出的可持续发展和合作共赢理念，针对“一带一路”非洲东北部区域，利用土地覆盖、植被生长状态等方面的生态环境遥感专题数据产品对非洲东北部区（包括摩洛哥、阿尔及利亚、突尼斯、利比亚、埃及、苏丹、吉布提、厄立特里亚、索马里、肯尼亚、埃塞俄比亚 11 个国家）及 6 个重要节点城市（埃及的苏伊士市、塞得港、亚历山大市，吉布提的吉布提市，苏丹的苏丹港，肯尼亚的蒙巴萨市）的生态环境基本特征、土地利用程度、约束性因素等进行系统分析。通过获取“一带一路”非洲东北部区域生态环境背景信息，厘清生态脆弱区、环境质量退化区、重点生态保护区等，可为科学认知区域生态环境本底状况提供数据基础；同时，通过遥感技术快速获取生态环境要素动态变化，发现其生态环境时空变化特点和规律，可为科学评价“一带一路”建设的生态环境影响提供科技支撑；此外，重要节点城市高分辨率遥感信息的获取，还将为开展“一带一路”建设项目投资前期、中期、后期生态环境监测与评估，分析其生态环境特征、发展潜力及可能存在的生态环境风险提供重要保障。由于本书涉及自然地理、人文、经济、社会的各个方面，加之作者水平有限，可能会有不妥之处，恳请读者批评指正。

本书由俞乐主笔，宫鹏副主笔，共同负责全书的设计、组织和审定。各章主要作者：第 1 章，俞乐、宫鹏、徐伊迪；第 2 章，俞乐、徐伊迪、程瑜琪；第 3 章，俞乐、徐伊迪、李雪草；第 4 章，俞乐、宫鹏、徐伊迪。

作　者

2018 年 9 月

目　录

第1章 生态环境与社会经济发展背景

非洲是世界古人类和古文明的发祥地之一，埃及文明是世界四大古文明之一。非洲分为北非、东非、西非、中非和南非五个地区。北非通常包括埃及、苏丹、南苏丹、利比亚、突尼斯、阿尔及利亚、摩洛哥、亚速尔群岛（葡）和马德拉群岛（葡），其中埃及、苏丹和利比亚三国有时称为东北非。其余国家和地区称为西北非。北部非洲的阿尔及利亚、利比亚、毛里塔尼亚、摩洛哥和突尼斯同属阿拉伯马格里布联盟。东非通常包括埃塞俄比亚、厄立特里亚、索马里、吉布提、肯尼亚、坦桑尼亚、乌干达、卢旺达、布隆迪和塞舌尔，有时也把苏丹作为东非的一部分。本书将重点对非洲东北部区的11个国家（摩洛哥、阿尔及利亚、突尼斯、利比亚、埃及、苏丹、吉布提、厄立特里亚、索马里、肯尼亚、埃塞俄比亚）的生态环境与社会经济状况进行分析。

1.1 区位特征

古代海上丝绸之路曾将非洲与亚欧大陆联系起来。中国提出了“一带一路”倡议，这不但符合“和平合作、开放包容、互学互鉴、互利共赢”的合作精神，还能使古代丝绸之路重新焕发青春，助推中国与非洲之间在各个领域的交流与合作。

从中国对外关系及未来国际发展战略而言，中非关系的重要性、非洲对中国的重要性正在日益上升。目前中国已成为非洲最大贸易伙伴国，非洲也成为中国重要的进口来源地、第二大海外工程承包市场和第四大投资目的地。非洲是世界第二大洲，人口增长迅速，但农业现代化、城市化、工业化进程较缓，在基础设施建设、制造业、农业等众多领域的潜在市场巨大。中国作为世界重要的经济体，通过“一带一路”建设，可以促进非洲区域融合与经济发展，实现互利共赢。在2015年召开的中非合作论坛约翰内斯堡峰会通过了《中非合作论坛约翰内斯堡峰会宣言》和《中非合作论坛——约翰内斯堡行动计划（2016—2018年）》，明确了中非关系未来发展的具体目标和任务，习近平主席在峰会开幕致辞中提出了未来3年中非“十大合作计划”（中非工业化合作计划、中非农业现代化合作计划、中非基础设施合作计划、中非金融合作计划、中非绿色发展合作计划、中非贸易和投资便利化合作计划、中非减贫惠民合作计划、中非公共卫生合作计划、中非人文合作计划、中非和平与安全合作计划）。与会各国领导人表示，非洲国家愿将非洲梦同中国梦有效对接，积极参与“一带一路”建设，提高非洲互联互通水平，助推非洲实现非洲联盟《2063 年议程》目标。

非洲东北部区指摩洛哥、阿尔及利亚、突尼斯、利比亚、埃及、苏丹、吉布提、厄立特里亚、索马里、肯尼亚和埃塞俄比亚 11 个国家，是"21 世纪海上丝绸之路"的重要目的地和节点，图 1-1 是非洲东北部区在"一带一路"中的位置示意图。该区地理位置非常重要，三面环海，西临大西洋，北隔地中海与欧洲相望，东临红海和印度洋，是"21 世纪海上丝绸之路"的必经之地。西北部的直布罗陀海峡和东北部的苏伊士运河是扼守印度洋与大西洋的咽喉，战略地位极其重要。"21 世纪海上丝绸之路"自我国东南沿海南下经南海、印度洋至内罗毕，北上经曼德海峡—红海—苏伊士运河至地中海，到达欧洲。该区"一带一路"倡议的实施重点是通过"21 世纪海上丝绸之路"中重要节点城市、港口的跨越式发展，带动区域可持续发展。其中，埃及的苏伊士市、塞得港、亚历山大市和吉布提的吉布提市、苏丹的苏丹港、肯尼亚的蒙巴萨市等重要港口节点城市建设和发展港口经济是开拓"海上丝绸之路"的重要方式。通过港口城市基础设施的不断建设和完善，势必会带动沿线各国和节点城市的经济发展，促进区域贸易合作，进而推动城市的综合发展。

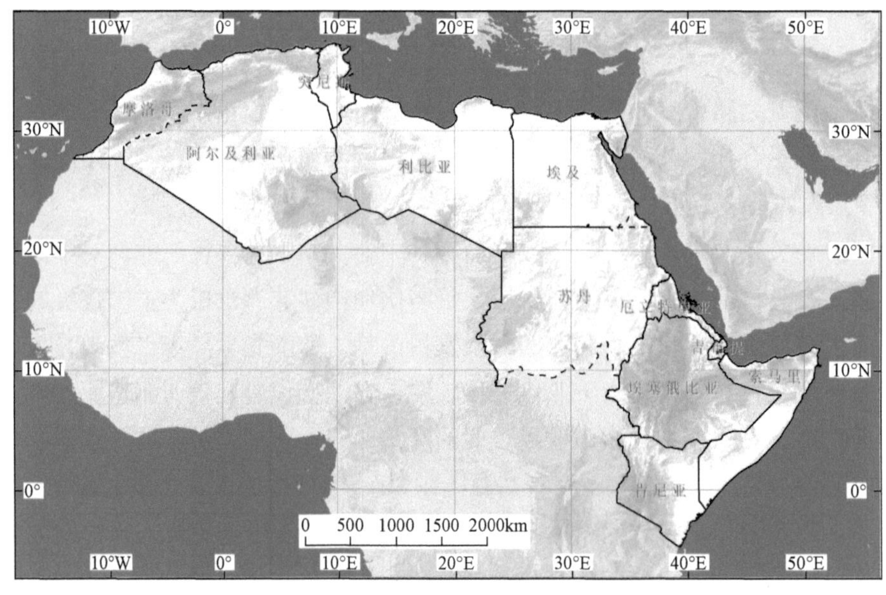

图 1-1 非洲东北部区在"一带一路"中的位置示意图

1.2 自然地理特征

非洲东北部区地处非洲、亚洲和欧洲的交汇地带，地理分布范围为 37° 21′ N（突尼斯）～ 4° 40′ S（肯尼亚），13° 8′ W（摩洛哥）～ 51° 19′ E（索马里），总面积约 1010

万 km²，人口约 3.77 亿（截至 2014 年）。

1.2.1　地形地貌

该区北部地形多为海拔 500m 左右的低高原和台地，其间分布着一系列盆地、洼地和较低的高原山地。仅局部地区有大于 3000m 的高峰，如西北缘的阿特拉斯山脉和撒哈拉沙漠中心的阿哈加尔山脉。世界上最大的沙漠——撒哈拉沙漠横贯非洲大陆北部，西起大西洋沿岸，东延伸至红海，以阿特拉斯山脉和地中海为北界，南至苏丹草原。地中海沿岸分布有尼罗河三角洲冲积平原。非洲东部是非洲地势最高的地区，分布有“非洲屋脊”埃塞俄比亚高原。该区域内中部高原突起，四周低下，东非大裂谷东支北段延伸至红海海岸，形成悬崖峭壁。区域海岸线较为平直，海湾、半岛和岛屿较少。非洲东北部区高程空间分布见图 1-2 所示。

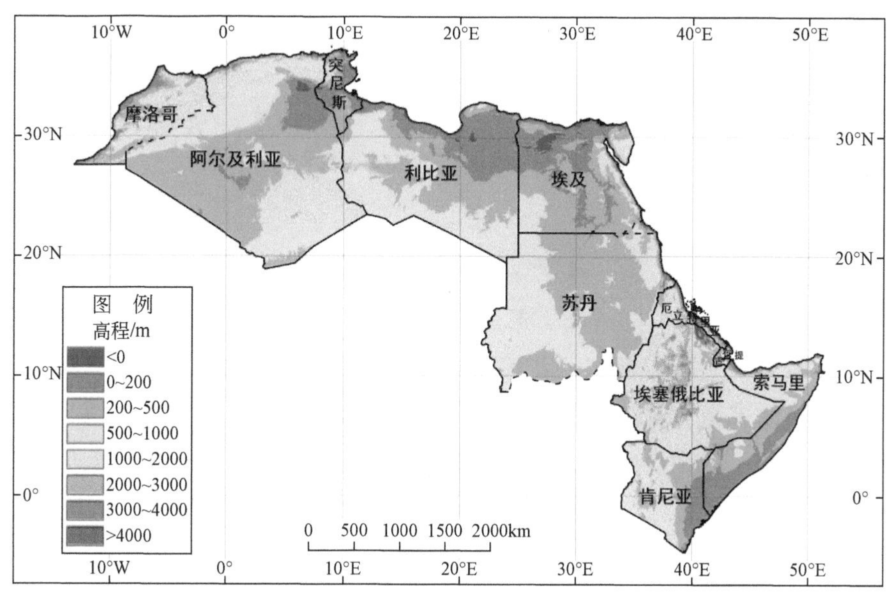

图 1-2　非洲东北部区高程空间分布

1.2.2　气候

非洲北部和东部基本上属于热带沙漠气候区（图 1-3），终年气温在 20℃以上，气候基本特点是高温、少雨。非洲北部国家地处北回归线附近，受副热带高气压带控制和影响，以典型的热带沙漠气候为主。地中海沿岸有断续地中海气候区。非洲东部地处低纬，终年高温，但埃塞俄比亚高原隆起削弱了赤道气候特征，大部地区属温暖、凉爽的热带高原气候，干湿季节明显。

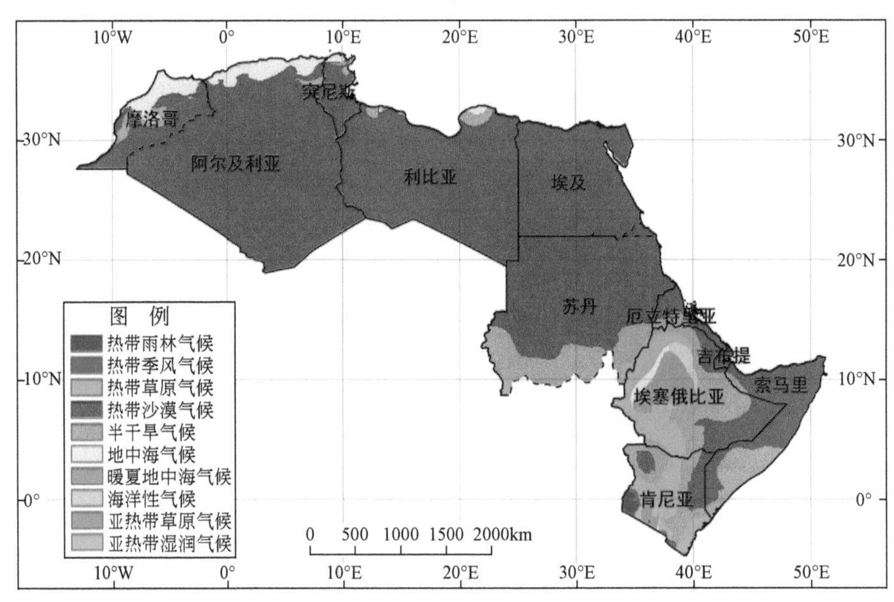

图 1-3 非洲东北部区气候类型

1.2.3 水文

非洲北部由于气候干热，终年降水稀少且不稳定，难以形成常年性河流，仅在大西洋和地中海沿海降水丰沛地区，形成常年性河流。在东北部的苏丹和埃及境内有世界上最长的河流——尼罗河。尼罗河干流全长 6671km，流域面积约为 335 万 km^2，入海口年平均径流量 810 亿 m^3。该区东部水资源相对丰富，水资源总量占非洲水资源总量的 52.98%。其中埃塞俄比亚高台地有东非水塔之称，是 30 多条河流的发源地，有许多湖泊分布。肯尼亚、乌干达和坦桑尼亚交界处的维多利亚湖是非洲面积最大的凹陷湖，也是尼罗河支流白尼罗河的源头。河流的流量受降水影响，季节和年际变率很大。

1.2.4 植被

该区主要分布有九类不同的植被景观（图 1-4）。荒漠和干旱灌丛大量分布在 20° ～ 30° N 以及索马里之角沿岸，是整个区域的主要植被类型。地中海森林主要分布在地中海沿岸的摩洛哥、阿尔及利亚北部、突尼斯北部、利比亚北部和尼罗河三角洲西部，该区雨量丰沛，有森林植被分布。水淹草原和稀疏草原主要分布在尼罗河流域。热带、亚热带草原是非洲东部分布最广的植被类型，主要分布在埃塞俄比亚高原、索马里台地、肯尼亚高地，由热带型禾本科草类和簇生灌木及小乔木组成。草原中草本植物、乔木和灌木的种类随气候、地形的不同而变化。埃塞俄比亚高原植物区系非常复杂，植被分布的垂直地带性显著。海拔由低往高分别是热带草原、湿润阔叶林、山地草原和灌丛。

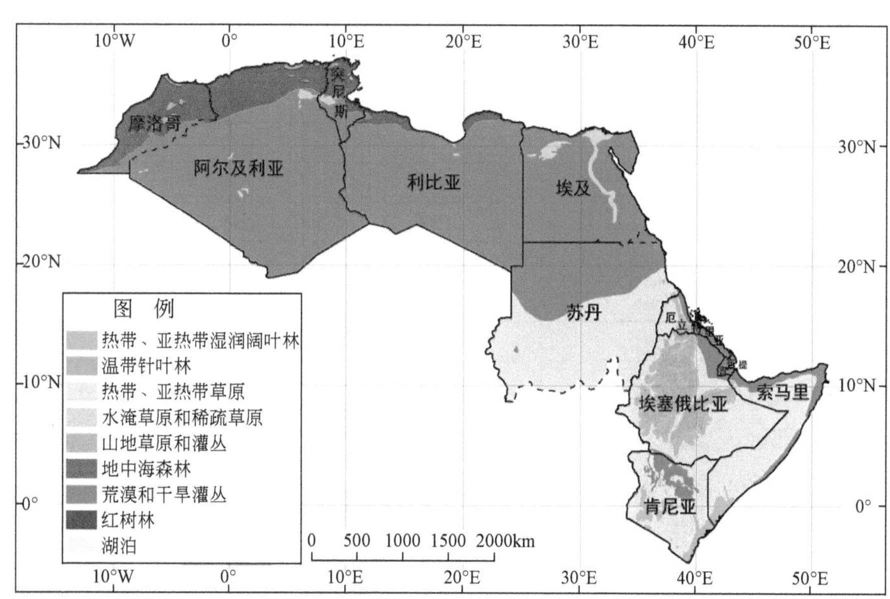

图 1-4 非洲东北部区植被类型区分布

1.3 社会经济发展现状

非洲东北部区国家是“一带一路”的目的地和节点。该区域北部国家的 GDP 占全非洲的 1/3 以上，人均 GDP 高于全非洲平均值约 50%。主要经济支柱是农业和矿业。东部各国多为历史悠久的农业国，农业人口比例高，多种热带经济作物在世界或非洲均占有重要地位。

1.3.1 人口、民族与宗教简况

2014 年，非洲东北部区 11 国的总面积 1010 万 km^2，总人口约 3.74 亿，其中面积最大的国家是阿尔及利亚，面积为 238 万 km^2；人口最多的国家是埃塞俄比亚，人口 0.97 亿。该区域人口 5000 万以上的国家只有埃塞俄比亚和埃及（表 1-1）。面积最小的是吉布提，仅 2.32 万 km^2，人口 90 万。非洲东北部区 11 国的人口均保持持续增长（图 1-5），自然增长率高，2015 年厄立特里亚的人口自然增长率达到 5.49%。非洲东北部人口分布极不平衡，沙漠地区人口稀少，而尼罗河流域则是世界上人口分布最密集的地区之一。

表 1-1 2014 年非洲东北部区 11 国国家人口经济概况（世界银行，2015）

国 家	人口 / 万人	面积 / 万 km^2	GDP/ 亿美元	首 都
摩洛哥	3350	45.9	1060	拉巴特
阿尔及利亚	3950	238	2109	阿尔及尔

续表

国　家	人口 / 万人	面积 / 万 km²	GDP/ 亿美元	首　都
突尼斯	1070	16.2	491	突尼斯市
利比亚	636	176	642	的黎波里
埃及	8670	100.1	2900	开罗
苏丹	3700	188	626	喀土穆
厄立特里亚	650	12.4	45.26	阿斯马拉
吉布提	90	2.32	16	吉布提市
索马里	1050	62.7	348	摩加迪沙
肯尼亚	4550	58.3	598	内罗毕
埃塞俄比亚	9650	110.36	496	亚的斯亚贝巴

非洲东北部区民族众多，官方语言主要有阿拉伯语、英语、法语、西班牙语、意大利语、索马里语、斯瓦西里语等，另外还有众多的民族语言。多信基督教、伊斯兰教和原始宗教，其中非洲北部地中海沿岸都为伊斯兰国家。

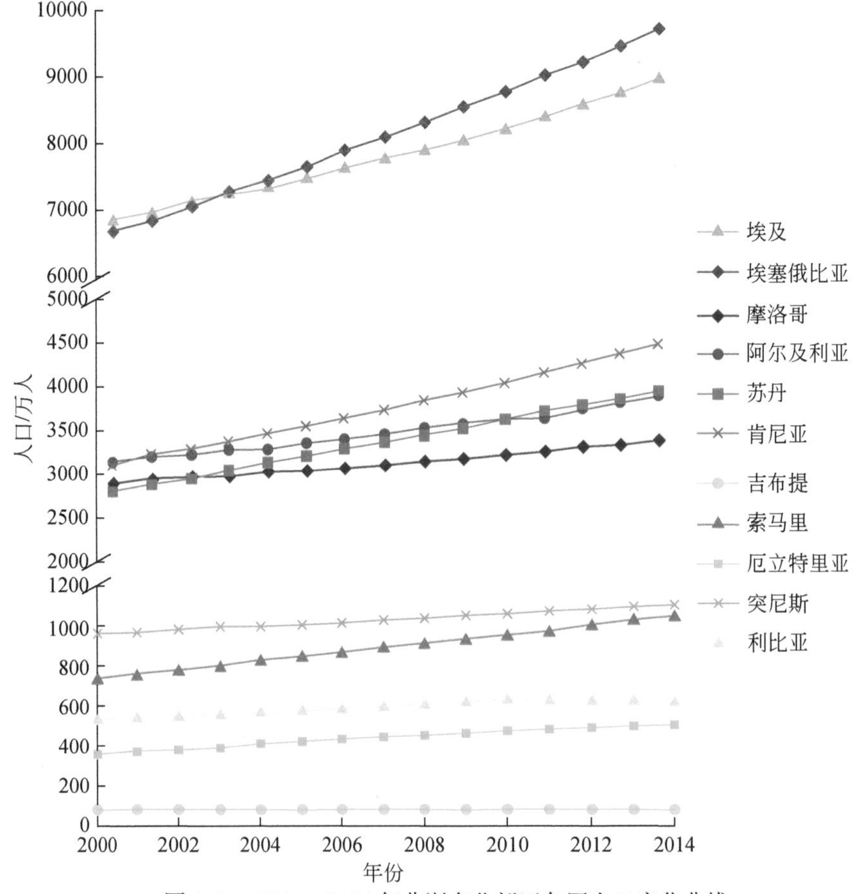

图 1-5　2000 ～ 2014 年非洲东北部区各国人口变化曲线

1.3.2　社会经济状况

（1）主要优势资源

非洲北部是非洲经济发展水平较高的地区，农业和采矿业是其主要经济支柱。非洲东部各国水土条件较好，具有悠久的农牧业发展历史，代表作物是除虫菊、丁香、剑麻、咖啡、茶叶等。此外，非洲东部的金属矿产资源较为丰富（包括金、铬、镍），旅游资源潜力巨大。非洲北部夏季干热、冬季多雨、人均耕地少，使得北部沿海地区精耕细作的地中海农业较为发达，以盛产棉花、阿拉伯树胶、橄榄、栓皮栎、阿尔法草、小麦、地中海果品等闻名。非洲北部矿产资源丰富，主要包括石油、天然气、磷酸盐等，利比亚、阿尔及利亚、苏丹等都是重要的油气出口国。因此，在“一带一路”倡议框架下与非洲国家开展更深入的能源、基础设施建设等方面的合作具有十分广阔的前景。

（2）经济发展状况

从2000～2014年，非洲东北部区各国国内生产总值（GDP）基本呈现出逐年上涨的状态，经济水平不断提高，但在2008年世界经济危机后出现波动，个别国家GDP出现小幅下滑，2010年后又保持持续增长的势头（图1-6）。仅有部分国家由于政治动荡原因，经济处在波动下滑的状态。

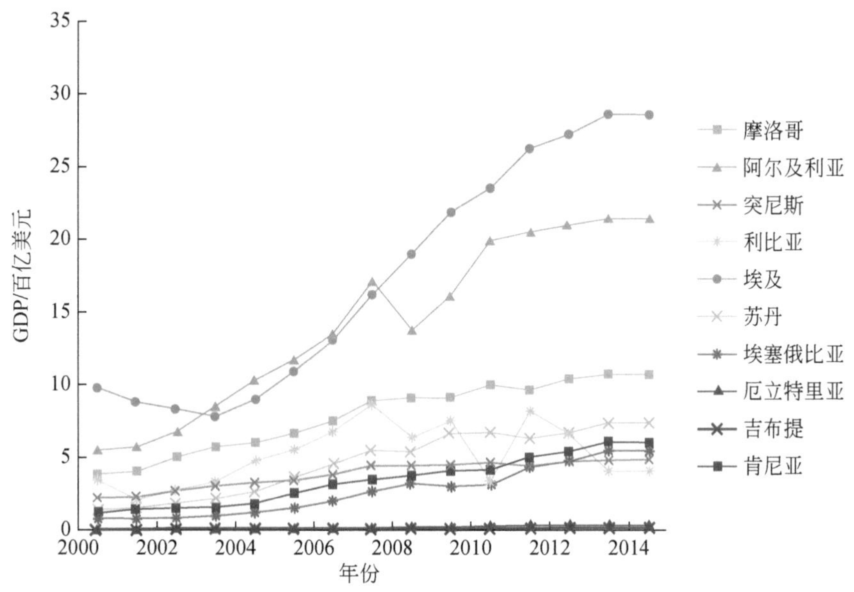

图1-6　2000～2014年非洲东北部区各国GDP总值曲线

2015年，东部非洲的经济增长速度超过5%，北部非洲的经济增长速度也从2014年的2.9%增长到3.6%，但是非洲各国的经济增长仍未完全改变殖民主义时期形成的依附性经济结构，即长期依赖生产和出口一种或几种农、矿产品的单一经济结构，如阿尔及利亚、利比亚的石油、天然气产业是其主要收入来源；埃及的石油天然气、旅游、侨汇和苏伊士运河带来的航运贸易收入是埃及的国民经济支柱；摩洛哥政府矿产收入的96%来自于磷酸盐生产。近年来，一些非洲北部和东部国家在注重资源开发的同时开始追求经济多样化发展，在争取国际援助尤其是新兴经济体援助的同时谋求民族经济发展。

（3）与中国贸易状况

从2000～2014年，中国与非洲东北部区11国的双边贸易额逐年增长（图1-7），2000年贸易额为27亿美元，2014年则达到417亿美元，贸易额大约增长了20倍。2014年，中国与埃及的贸易总额最高，为104亿美元。

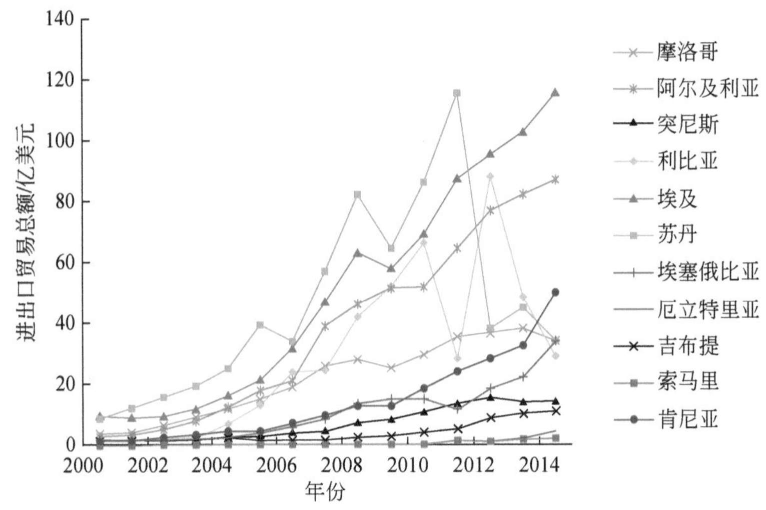

图1-7 非洲东北部区11国与中国贸易总额

（4）城市发展状况

灯光指数的变化是衡量城市化进程的重要指标。城市夜间的灯光数据可以直接反映一个城市的繁华程度，灯光指数值越高代表城市的繁华程度越高（图1-8），灯光指数变化速率越大说明城市发展越快。规模较大的城市主要分布在埃及、摩洛哥、阿尔及利亚、苏丹、肯尼亚等国家。从灯光指数变化看（图1-9），大部分地区的灯光指数有所增加，变化速率较大的区域主要聚集在地中海沿岸、尼罗河流域，其中埃及尼罗河流域是非洲东北部区灯光指数增长速率最快、范围最广的区域。少部分区域（如阿尔及利亚中部、利比亚中部）灯光指数减弱，反映出该地区的人口迁移状况和城市化进程对其产生的影响。

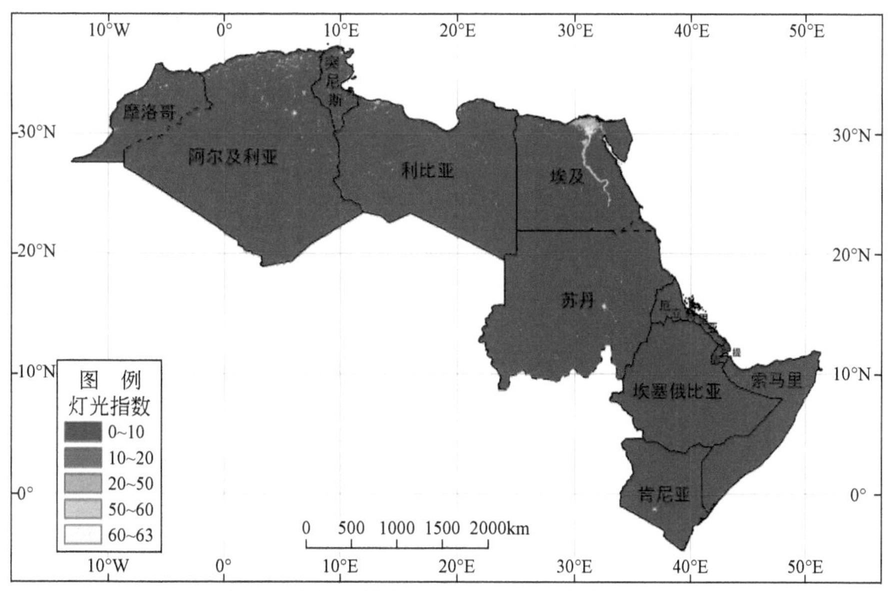

图 1-8　非洲东北部区 2013 年灯光指数分布

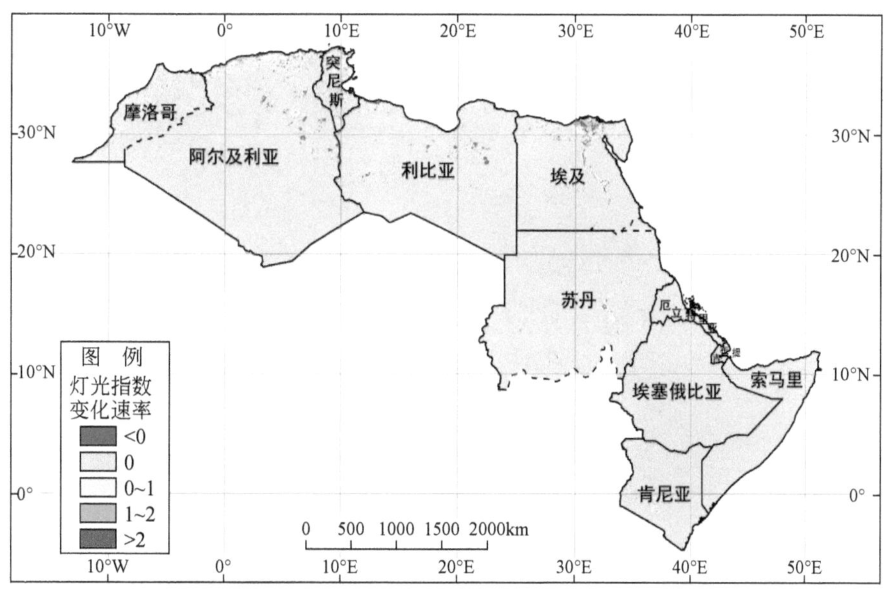

图 1-9　非洲东北部区 2000 ～ 2013 年灯光指数变化速率

1.4　小　　结

非洲东北部区自古即为贸易往来和文明交互的前沿，是“一带一路”的重要目的地。“一带一路”将重点通过“21 世纪海上丝绸之路”在非洲重要节点城市、港口的建设，带动沿线各国的经济发展。随着蒙巴萨至内罗毕、亚的斯亚贝巴至吉布提，以及尼日利亚沿海铁路等的规划和建设，未来中国与非洲国家在基础设施建设、商品贸易、文化教育等领域的国际合作潜力巨大。但是，非洲东北部区国家的干旱、土地退化、森林破坏、海平面上升等生态环境问题对“一带一路”的建设构成潜在威胁。因此，进一步对非洲东北部区进行生态环境遥感监测，规避生态环境风险，是“一带一路”建设在非洲东北部区顺利实施的重要保障。

第 2 章　主要生态资源分布与生态环境限制

非洲东北部区地表覆盖类型多样、生态类型多样、生物多样性丰富、保护区分布广泛，但自然生态环境系统脆弱。这一区域自然条件恶劣，干旱、沙尘、海平面上升等自然灾害对“一带一路”的建设构成潜在威胁。

2.1　土地覆盖与土地利用程度

2.1.1　土地覆盖

1. 土地覆盖以裸地为主，灌丛和农田次之

非洲东北部区的土地覆盖类型见图 2-1 所示，主要土地覆盖类型包括：农田、森林、草地、灌丛、水体、不透水层、裸地类型。其中，裸地是非洲东北部区地表覆盖面积最大、分布最广的类型，占地面积高达 601.53 万 km^2，占该区域总面积的 61.06%（图 2-2），撒哈拉沙漠所在的国家如阿尔及利亚、利比亚、苏丹、埃及裸地面积最大。其次占地面积较大的是灌丛，灌丛总面积 215.9 万 km^2，占该区域总面积的 21.92%，主要分布在埃塞俄比亚、索马里、肯尼亚、苏丹等国。这一地区灌溉农业发达，

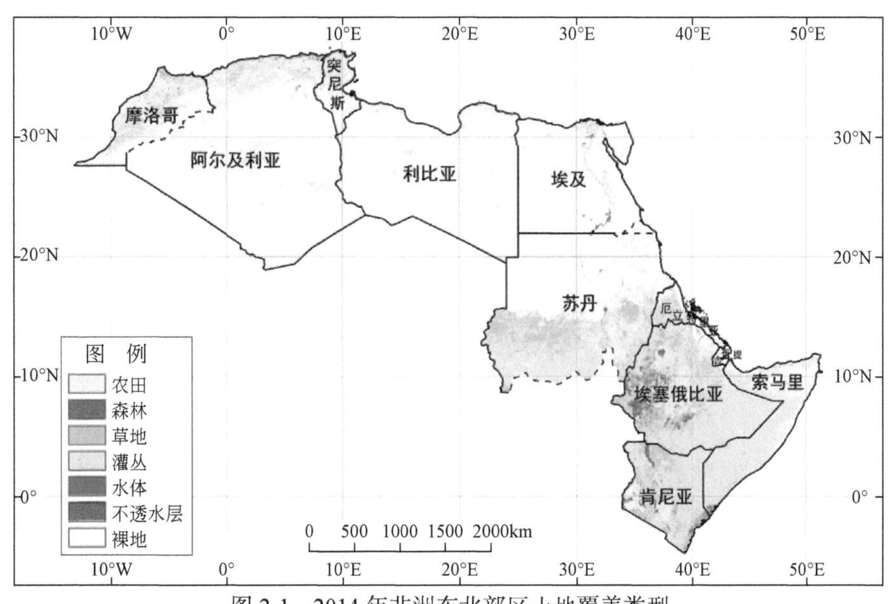

图 2-1　2014 年非洲东北部区土地覆盖类型

农田总面积达到 101.29 万 km^2，占该区域总面积的 10.25%，主要分布在光照充足、灌溉水源丰富的埃塞俄比亚、苏丹、摩洛哥、阿尔及利亚、肯尼亚、突尼斯、埃及等国。区域内森林、草地、水域、不透水层覆盖面积均较少，分别占区域总面积的 1.72%、4.48%、0.22% 和 0.35%，且主要分布在地中海、大西洋沿岸和赤道附近。

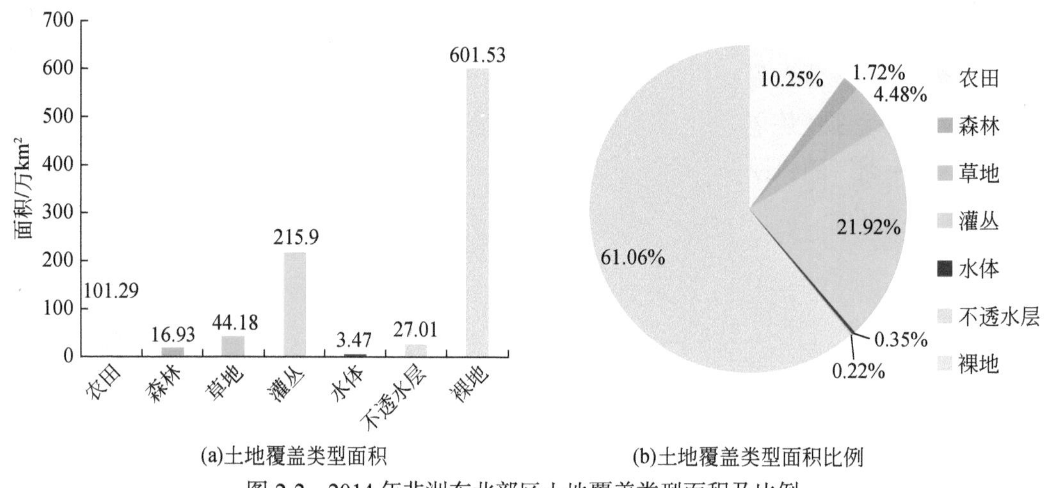

(a)土地覆盖类型面积　　(b)土地覆盖类型面积比例

图 2-2　2014 年非洲东北部区土地覆盖类型面积及比例

2. 不同国家之间土地覆盖结构有所区别，但裸地是非洲北部国家的主要土地覆盖类型，非洲东部各国以灌丛为主

非洲东北部区各国之间土地覆盖结构差异显著（图 2-3）。非洲北部国家主要以裸地分布为主，尤其是阿尔及利亚（裸地面积 203.07 万 km^2，占其国土面积的 85%）、利比亚（裸地面积 155.48 万 km^2，占其国土面积的 88%）和埃及（裸地面积 90.23 万 km^2，占其国土面积的 90%）等国家，其次是农田和灌丛。非洲东部国家主要以灌丛为主，如索马里、肯尼亚、埃塞俄比亚等国。其中埃塞俄比亚、肯尼亚都是典型的农业国，埃塞俄比亚农田占地面积高达 26%，是该国仅次于灌丛的第二大土地覆盖类型。

3. 土地覆盖类型人均水平差异较大，苏丹人均农田面积最大，埃塞俄比亚人均森林面积为首

由于非洲东北部区各国人口数量、土地覆盖类型差异悬殊，各国土地覆盖类型人均面积差异大（表 2-1）。埃塞俄比亚、苏丹是农田面积最大的两个国家，苏丹人均农田 62.62km^2/ 万人，居非洲东北部区各国之首。埃塞俄比亚农田面积最大，但由于人口众多，人均农田占有量仅有 30.47km^2/ 万人，低于突尼斯、利比亚等农田面积较小的国家。埃及、吉布提的人均农田水平最低。森林、水体主要分布在非洲东部，因此人均占有量的高值也出现在非洲东部。森林的人均占有量以埃塞俄比亚为首，为 11.6km^2/ 万人，其次为肯尼亚，其人均占有量为 7.4km^2/ 万人。水体的人均占有量以肯尼亚为首，为 2.62km^2/ 万人。与其他

国家相比，肯尼亚的水资源优势相当明显。草地的人均占有量以苏丹为首，为 46.64km²/ 万人。索马里和苏丹的人均灌丛面积最大，分别为 439.71km²/ 万人和 113.97km²/ 万人。不透水层的人均占地面积以利比亚为首，为 5.16km²/ 万人，由此可见利比亚的城市 / 城镇人口密度较小，活动空间较大，相比之下，埃塞俄比亚的不透水层人均面积则非常低，仅为 0.17km²/ 万人，由此可见该国家城市人口密集。

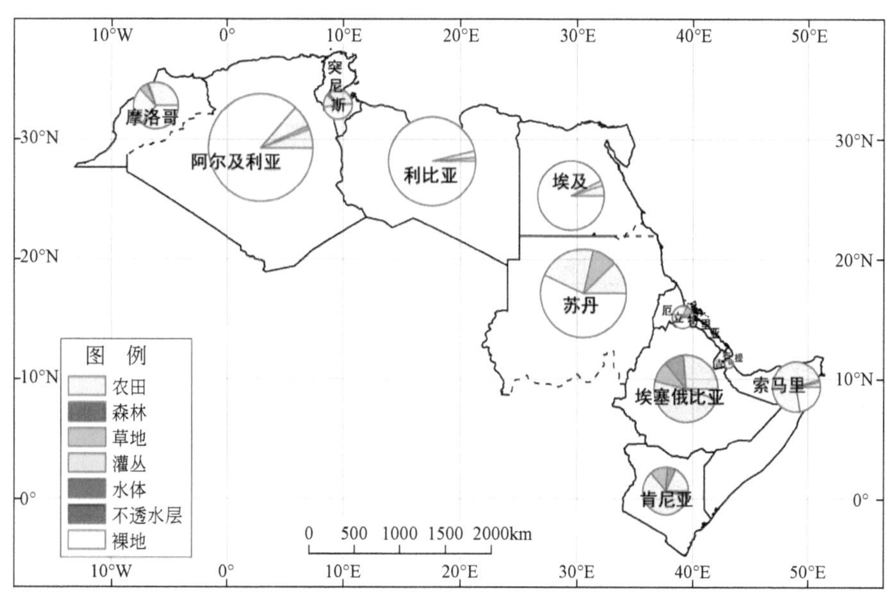

图 2-3　2014 年非洲东北部区土地覆盖类型组成

表 2-1　2014 年非洲东北部区各国土地覆盖类型占地面积和人均面积

国家	面积 / 万 km²						
	农田	森林	草地	灌丛	水体	不透水层	裸地
摩洛哥	11.87	0.43	2.503	10.59	0.13	0.306	14.9
阿尔及利亚	11.20	0.86	2.19	14.15	0.18	0.48	203.07
突尼斯	5.37	0.17	0.203	2.14	0.08	0.19	7.41
利比亚	2	0.05	0.35	3.74	0.07	0.32	155.48
埃及	4.51	0.06	0.44	2.15	0.66	0.53	90.23
苏丹	23.17	0.32	17.26	42.17	0.30	0.49	103.12
厄立特里亚	0.88	0.017	1.46	4.58	0.03	0.01	5.24
吉布提	9.12	2.89	0.21	0.26	0.01	0.005	1.68
索马里	2.03	0.48	0.89	46.17	0.07	0.03	13.89
埃塞俄比亚	29.41	11.2	11.36	54.87	0.71	0.16	5.49
肯尼亚	10.51	3.37	7.26	35.03	1.19	0.12	0.98

续表

国家	人均面积 km²/ 万人						
	农田	森林	草地	灌丛	水体	不透水层	裸地
摩洛哥	35.43	1.28	7.47	31.61	0.39	0.91	44.48
阿尔及利亚	28.35	2.17	5.54	35.82	0.46	1.22	514.10
突尼斯	50.18	1.58	1.89	20.00	0.75	1.84	69.25
利比亚	31.44	0.78	5.5	58.81	1.10	5.16	2444.65
埃及	5.2	0.06	0.5	2.48	0.76	0.62	104.07
苏丹	62.62	0.86	46.64	113.97	0.81	1.34	278.70
厄立特里亚	13.53	0.26	22.61	70.46	0.46	0.29	80.62
吉布提	10.13	0.03	23.33	28.89	1.11	0.66	186.67
索马里	19.33	4.57	8.474	439.71	0.67	0.33	132.29
埃塞俄比亚	30.47	11.6	11.77	56.86	0.74	0.17	5.69
肯尼亚	23.09	7.4	15.95	76.99	2.62	0.27	2.15

2.1.2 土地利用程度

利用土地开发强度指数数据分析非洲东北部区土地开发强度及影响土地开发强度的自然环境和人为因素（图 2-4）。非洲东北部区土地开发强度指数为 0 ～ 0.98，高值区主要分布在地中海、大西洋沿岸和非洲东部的农田和城镇。农田主要受垦殖性开发影响，灌溉农业非常发达，尤其是地中海、大西洋沿岸农业生产技术水平较高，土地开发强度指数较高，几乎接近 1，即土地资源的利用达到顶点，人类一般无法对其进行进一步的利用与开发；城镇的土地开发强度主要受建设性开发影响，城镇内部的建设与外延扩张

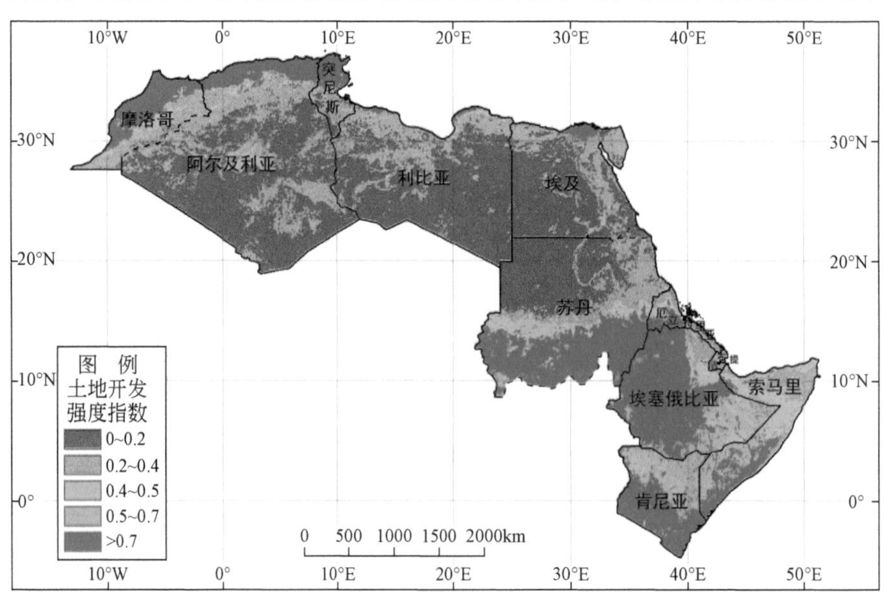

图 2-4　非洲东北部区土地开发强度指数分布

使得城镇用地的开发强度指数较高。非洲东北部区土地开发强度较低的区域大多位于 20°～30° N 的沙漠分布区，受自然条件的限制，人类很难对其进行开发利用。纵观各个国家的开发强度，摩洛哥、突尼斯、埃塞俄比亚的土地开发强度最高，受人类影响的面积最大，其次为肯尼亚和苏丹。土地开发强度低的区域主要分布在阿尔及利亚、利比亚、埃及和苏丹北部。这些区域气候干旱少雨，沙漠广布，土地开发强度最低。总体而言，非洲东北部区各国土地开发强度区域差异较大。

2.2　气候资源分布

2.2.1　温度与光合有效辐射

2014 年非洲东北部区的年平均气温空间分布见图 2-5，大部分地区年平均气温高于 20℃，仅在大西洋沿岸与阿特拉斯山脉之间和埃塞俄比亚高原海拔较高处年平均气温低于 16℃，局部气温随地形升高而明显降低至 12℃以下，但仍高于全球陆地表面平均气温（9.1℃）。

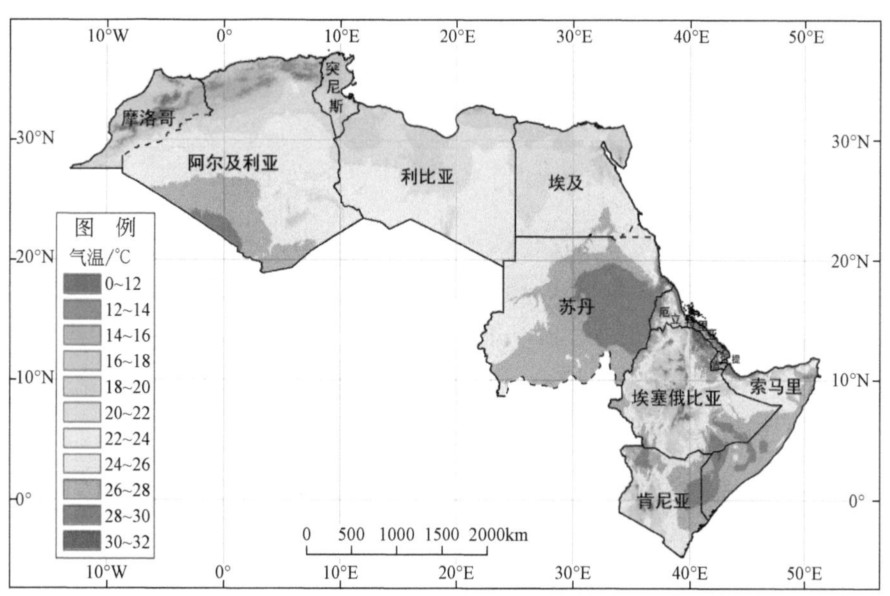

图 2-5　2014 年非洲东北部区年平均气温空间分布

非洲东北部光合有效辐射较强，总体呈现由西北向东南逐渐增加的趋势。光照条件决定了自然界植被与作物的分布及类型，光照及温度条件的时空分布在气候资源评价和生态系统研究中具有重要意义。利用光合有效辐射年均值遥感产品分析非洲东北部区植被生长光照条件分布状况，年均光合有效辐射总体上呈现由西北向东南逐渐增加的趋势（图 2-6），2014 年年均最大光合有效辐射为 90～100MJ/m^2。年均最大光合有效辐射在 90MJ/m² 以下的区域主要在阿尔及利亚、突尼斯、利比亚、埃及西部和苏丹东北部地区，这些区域纬度较高，太阳高度角相对较小；年均最大光合有效辐射在 100MJ/m² 以上的区域主要分布在位于埃塞俄比亚高原的埃塞俄比亚、索马里和肯尼亚等国，这主要是由于这些区域接近赤道、海拔较高，太阳高度角相对较大。

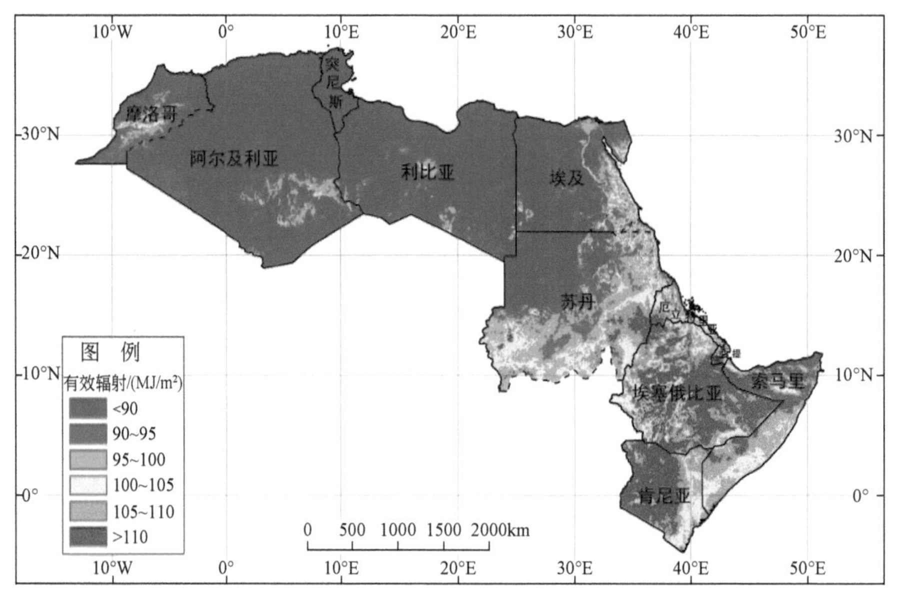

图 2-6　2014 年非洲东北部区年均光合有效辐射分布

从非洲东北部区各国年均光合有效辐射图可以看出：各国的年均光合有效辐射为 77 ～ 113MJ/m²，其中，年均光合有效辐射最高的是肯尼亚，为 113MJ/m²，最低的是突尼斯，为 77MJ/m²。非洲东部的肯尼亚、索马里、吉布提、厄立特里亚和埃塞俄比亚的年均光合有效辐射较高，都在 100MJ/m² 以上，而突尼斯、阿尔及利亚、利比亚、摩洛哥相对较低，都在平均值以下（图 2-7）。

2.2.2　水分分布格局

1. 降水空间分布不均，大部分地区降水较少

2014 年非洲东北部区年降水量空间分布见图 2-8 所示。非洲东北部区大部分地区降水稀少，降水空间分布不均，非洲北部年降水量远低于非洲东部。其中，埃塞俄比亚高原部分山区降水较为丰沛，年降水量大于 1000mm，大西洋和地中海沿岸、非洲东部（除索马里外）大部分地区年降水量为 200 ～ 1000mm。除此之外绝大部分区域年降水量小于 200mm，远远低于全球陆地平均年降水量（785mm）。

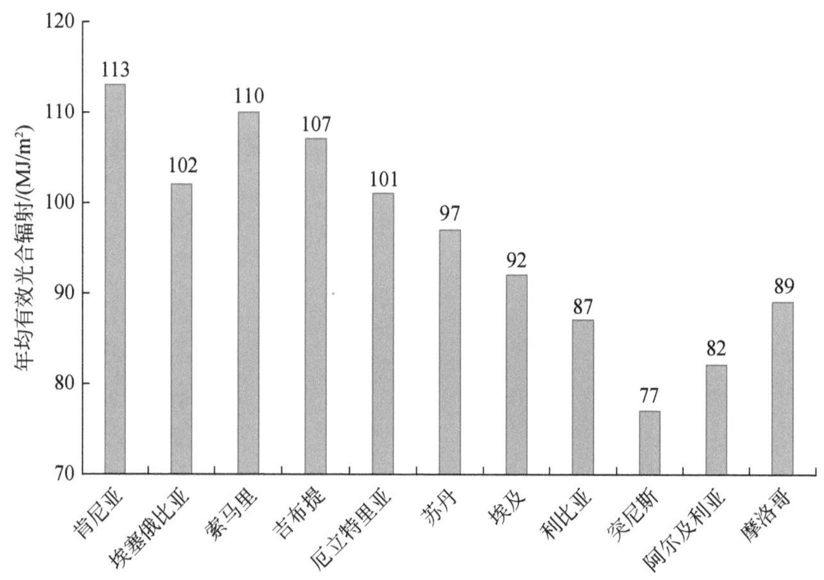

图 2-7　非洲东北部区各国年均光合有效辐射柱状图

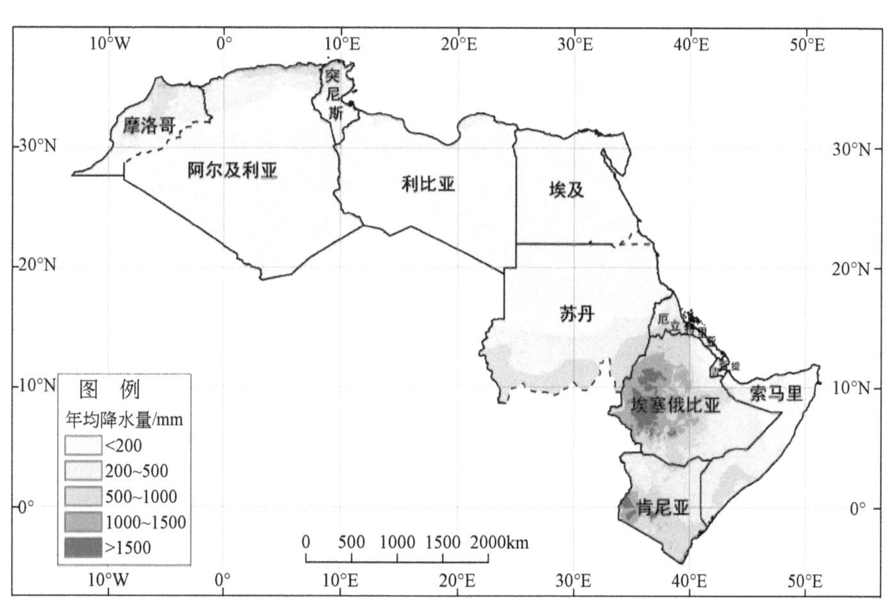

图 2-8　2014 年非洲东北部区降水量空间分布

2014年非洲东北部区各国的年降水量按国家统计分析(图2-9),降水国家间分布不均。受季风气候、热带高原气候的影响，肯尼亚和埃塞俄比亚年降水量最高，高达 1000mm 以上；其余大部分非洲北部地区受赤道辐合带季节性北移影响，终年干旱少雨，其中埃及降水量为区域最低（114mm）。个别国家如阿尔及利亚、摩洛哥冬季由于海洋带来的暖湿水汽，降水量增加。

非洲东部的埃塞俄比亚、肯尼亚和索马里等国逐月降水量变化较大（图 2-10）。埃塞俄比亚降水主要分布在 4 ～ 10 月（图 2-10），月降水量大于 100mm；上半年月降水量大于 60mm 的仅有肯尼亚、埃塞俄比亚和索马里三国；下半年月降水量大于 50mm 的仅有埃塞俄比亚、索马里、肯尼亚、摩洛哥四国。其他国家月际间降水量变动较小。

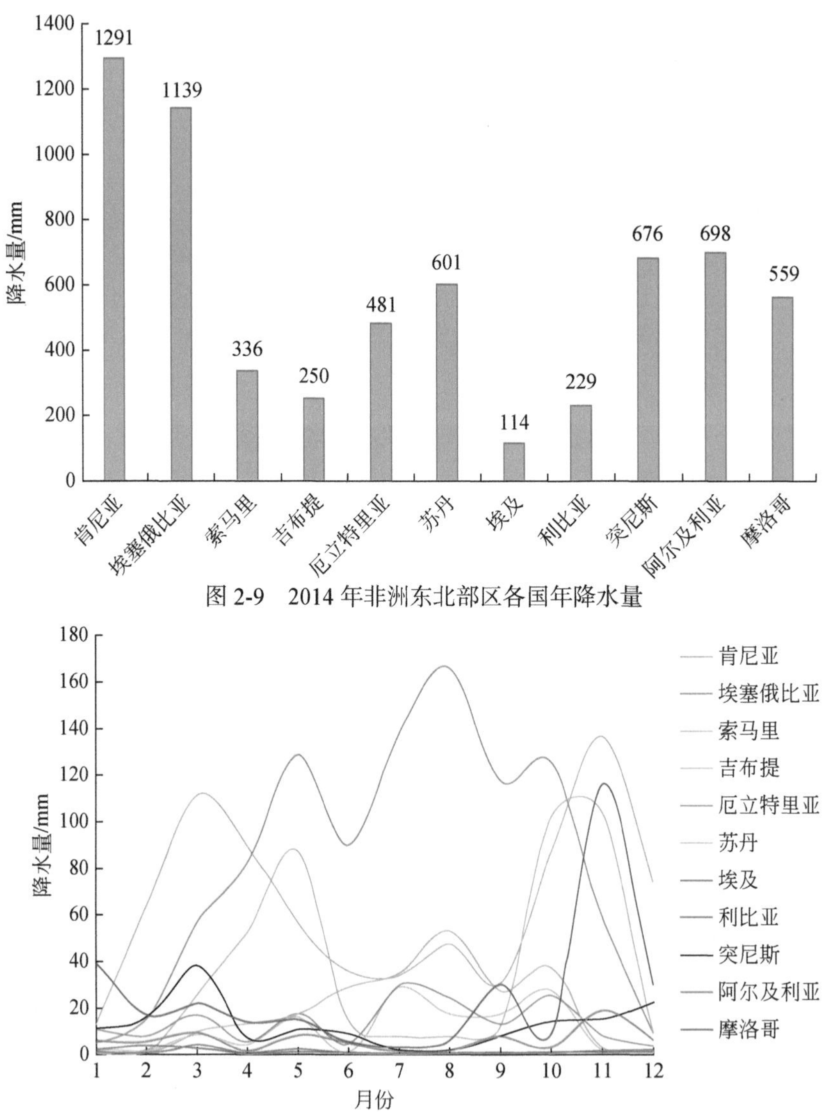

图 2-9　2014 年非洲东北部区各国年降水量

图 2-10　2014 年非洲东北部区各国降水季节变化

2. 地表蒸散量不均，时空差异低于降水量

2014 年非洲东北部区蒸散量空间分布见图 2-11 所示，非洲北部沿海和东部地区有广阔的森林分布，地表蒸散活动强烈，年蒸散值达到 1000mm 以上。非洲北部大部分处于热带沙漠气候，植被稀疏，年蒸散量小于 100mm，明显低于全球陆地平均年蒸散量（410mm）。

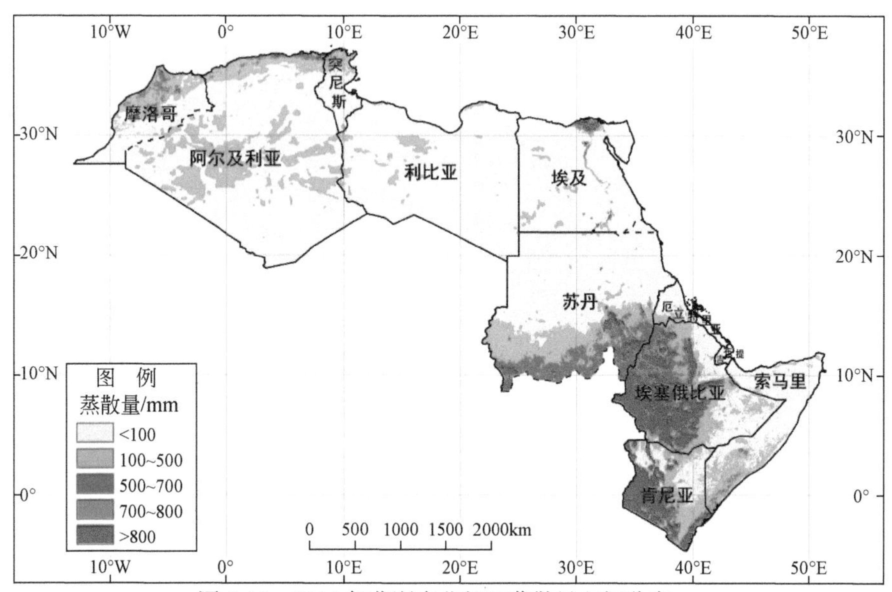

图 2-11 2014 年非洲东北部区蒸散量空间分布

2014 年非洲东北部区的年蒸散量按照国家统计分析结果（图 2-12），非洲东北部区各国之间年蒸散量差异显著，其中埃塞俄比亚和肯尼亚年蒸散量最高分别为 541mm 和 512mm。吉布提、阿尔及利亚、利比亚、埃及、厄立特里亚和索马里处于热带沙漠气候，植被稀疏，年蒸散量均小于 100mm。

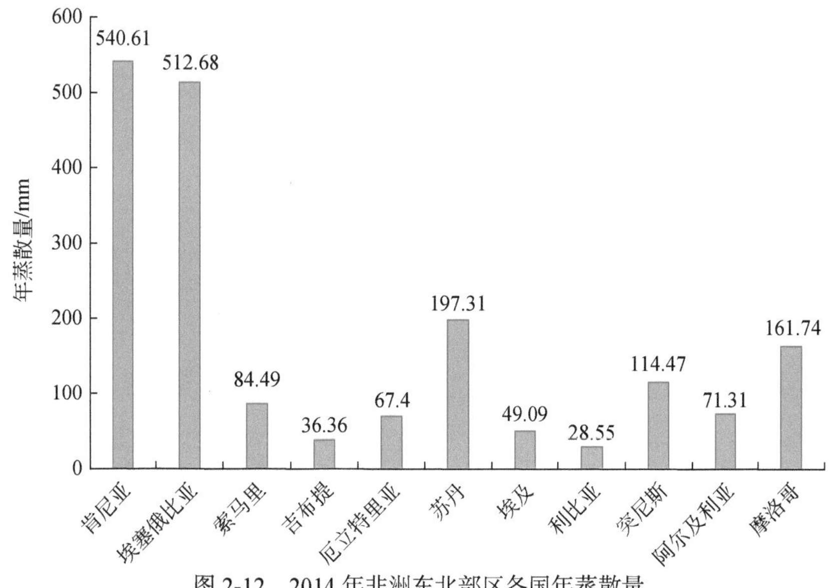

图 2-12 2014 年非洲东北部区各国年蒸散量

非洲东北部区各国的蒸散量在不同的气候背景下具有明显的分异性（图 2-13）。位于赤道附近的肯尼亚和埃塞俄比亚月蒸散量均较大；苏丹蒸散量的波动最大，在9月蒸散量达到峰值；而其余各国蒸散量起伏不大且蒸散量较小。

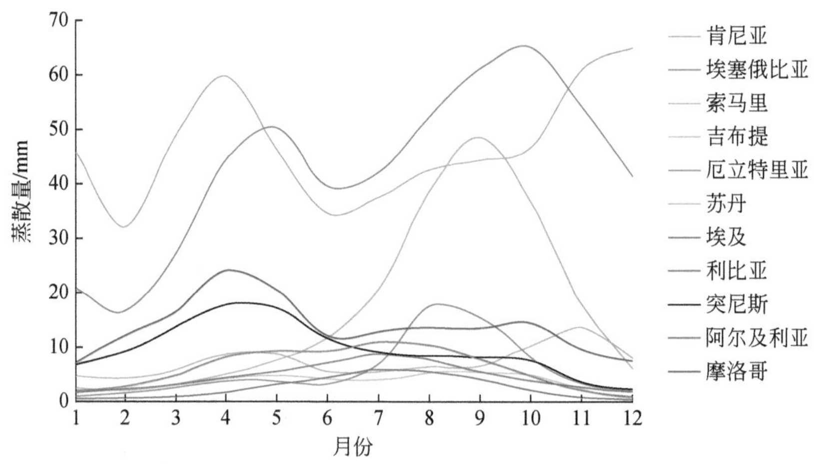

图2-13　2014年非洲东北部区各国蒸散量季节变化

3. 水分盈余时空分布特征与降水分布基本一致

2014年非洲东北部区水分盈亏空间分布结果（图2-14），阿尔及利亚、利比亚、埃及大部分地区存在匮缺现象，其他地区水分盈余充足。水分盈亏与空间降水分布特征较为一致，埃塞俄比亚中部盈余高于非洲东北部区其他国家（图2-14、图2-15）。其中埃及水分盈亏在非洲东北部区11国中最低（54mm）。大部分地区都低于全球陆地平均水分盈余量（375mm）。

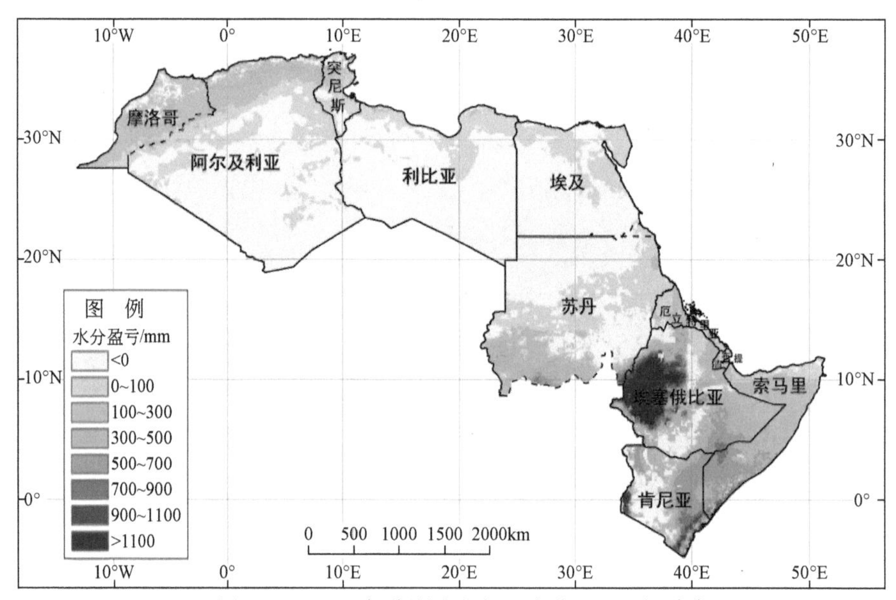

图2-14　2014年非洲东北部区水分盈亏空间分布

非洲东部和北部各国的水分盈亏季节变化特征与降水量较为一致，在不同的气候背景下具有明显的分异性。几乎所有国家都在个别月份存在水分亏缺现象（图 2-16），农业开发活动需要一定的灌溉条件支持。

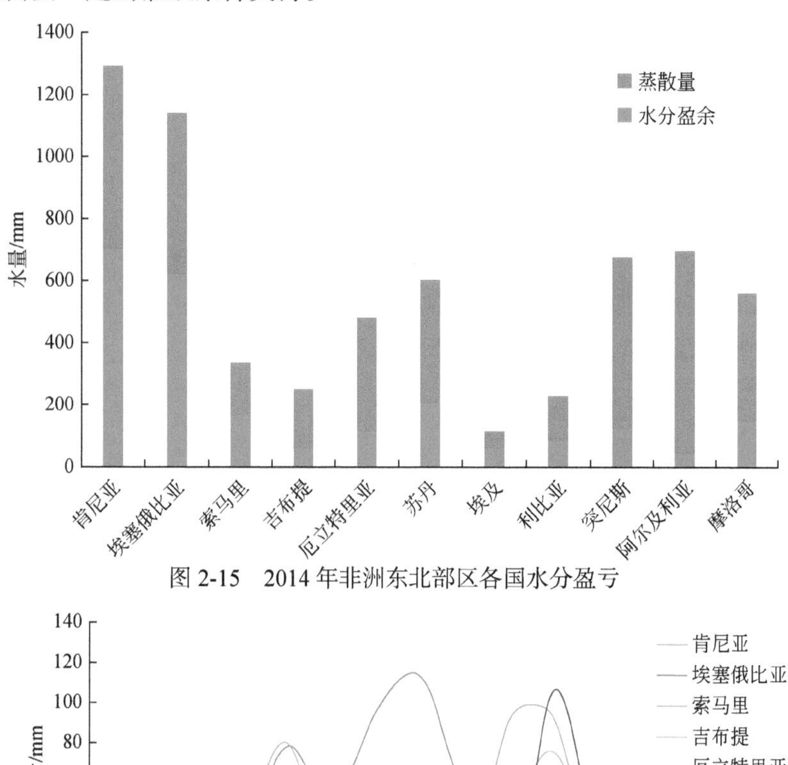

图 2-15　2014 年非洲东北部区各国水分盈亏

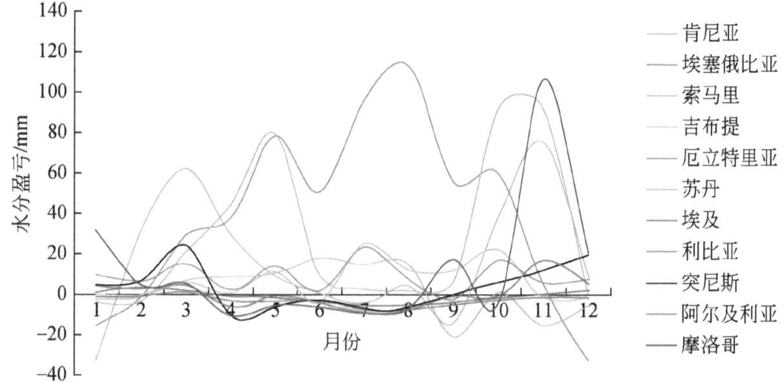

图 2-16　2014 年非洲东北部区各国水分盈亏季节变化

2.3　主要生态资源分布

非洲东北部区农田资源较为丰富，而森林资源相对稀缺。非洲北部以生产棉花、小麦和地中海果品闻名，非洲东部各国是世界农作物起源中心之一，是除虫菊、丁香、咖啡、剑麻的重要生产国。区域内的森林资源主要分布在埃塞俄比亚高原和肯尼亚高地海拔较高处。埃及是世界上最重要的长绒棉生产和出口国，突尼斯、阿尔及利亚是世界重要的橄榄油生产国。农田复种指数反映耕地的利用强度，潜在生物量可以综合反映气候因素对农业生产的潜在影响，产量体现区域粮食生产能力，利用遥感提取的复种指数、潜在生物量和产量数据分析非洲东北部区农田生态系统特征。森林生物量不仅是估测森林碳储量的基础，也是评价森林碳循环贡献的重要参数，叶面积指数（LAI）是反映植物群体生长状况的一个重要指标，植被净初级生产力（NPP）能够反映植物每年通过光合作用所固定的碳总量。利用遥感估测森林地上生物量、年最大 LAI 和年累积 NPP 可反映非洲东北部区森林生态系统特征及固碳能力。

2.3.1 农田生态系统与农作物

1. 地中海沿岸、尼罗河流域和非洲东部是粮食主产区

非洲东北部区 11 国地处热带和亚热带，光照充足，农田分布主要受水分条件制约，非洲农作物的地理分布也表现出相似的规律性。区域内农田主要分布在水分条件相对较好的大西洋和地中海沿岸、苏丹南部和非洲东部各国（图 2-17）。

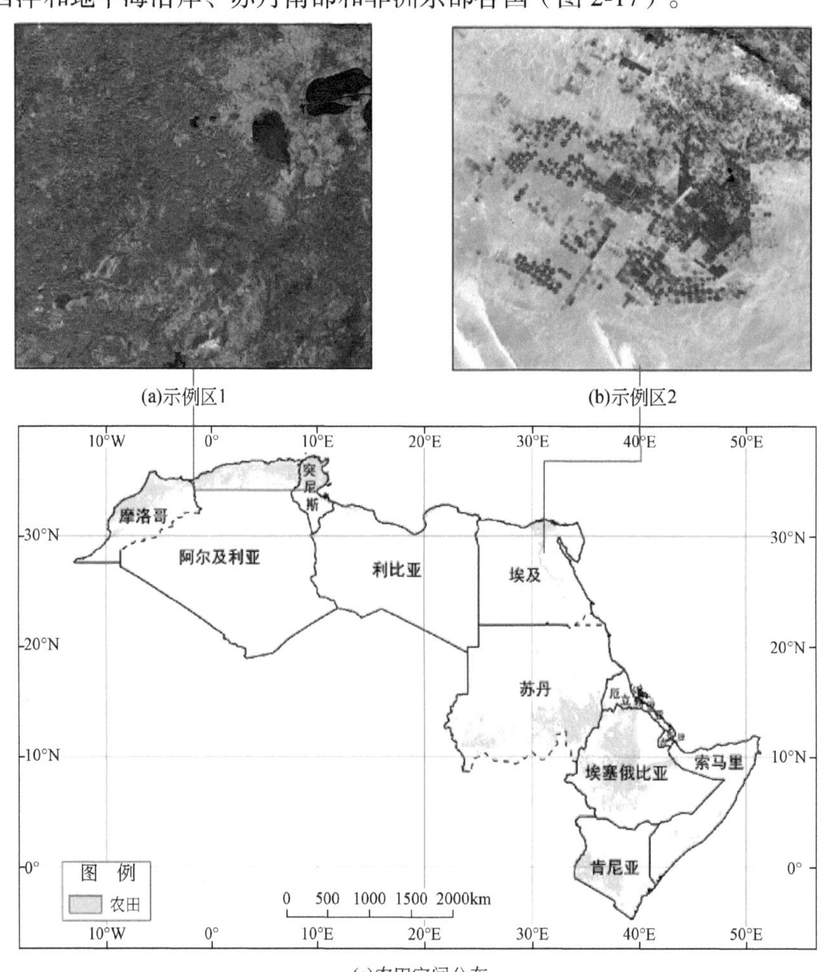

(c)农田空间分布

图 2-17 非洲东北部区农田空间分布

其中苏丹是阿拉伯树胶王国，埃及是世界上最重要的长绒棉生产和出口国，突尼斯和阿尔及利亚是世界重要的橄榄油生产国。区域内农田总面积 101.29 万 km^2，人均农田面积 27.01km^2/ 万人，高于非洲人均农田面积 24.35km^2/ 万人，也高于世界均值 25.13km^2/ 万人。

2. 农作物以一年一熟、一年二熟为主

根据非洲东北部区 11 国的农作物复种指数空间分布特征看（图 2-18），该区域的农作物以一年一熟、一年二熟的种植模式为主。尼罗河流域和埃塞俄比亚西南部为一年二熟制的种植模式，其他区域以一年一熟的种植模式为主。这表明尼罗河流域、埃塞俄比亚西南地区的水热条件组合相对较好、农业生产技术较为先进。

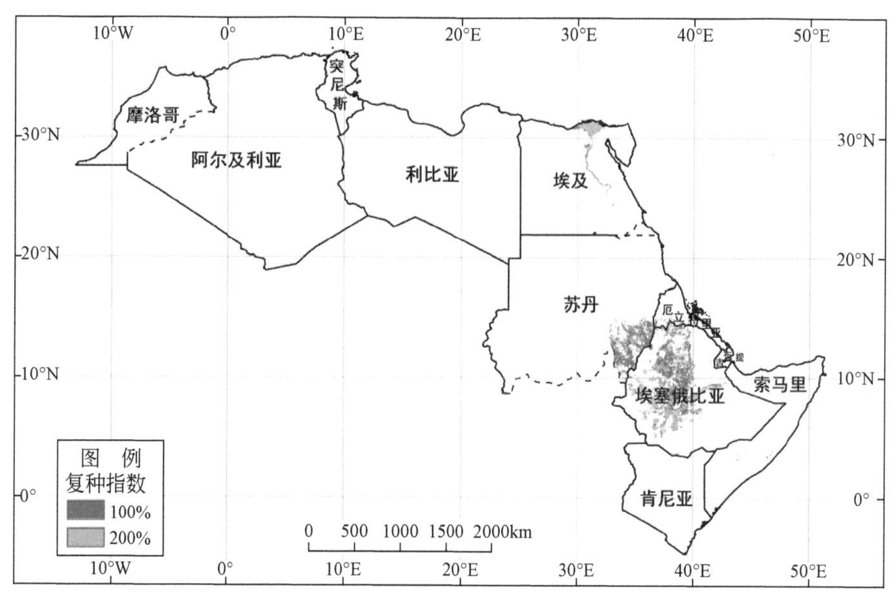

图 2-18　2014 年非洲东北部区农作物复种指数空间分布

2.3.2　森林生态系统

1. 森林主要分布在埃塞俄比亚和肯尼亚，森林资源较为稀缺

该区域总体上高温少雨，森林资源较为稀缺，分布在赤道到 10° N、30° ～ 45° E 的区域（图 2-19）。埃塞俄比亚、肯尼亚是非洲东北部区 11 国中森林资源最为丰富的国家，在高原和山地往往发育热带森林和季节性干旱森林。非洲北部区域的森林分布较少，仅在地中海沿岸的摩洛哥、阿尔及利亚北部分布着较为密集的地中海森林。非洲东北部区森林面积 16.93 万 km^2，人均森林面积 4.5km^2/ 万人，远小于非洲人均森林面积（40.00km^2/ 万人），也远小于世界人均森林面积（61.62km^2/ 万人）。

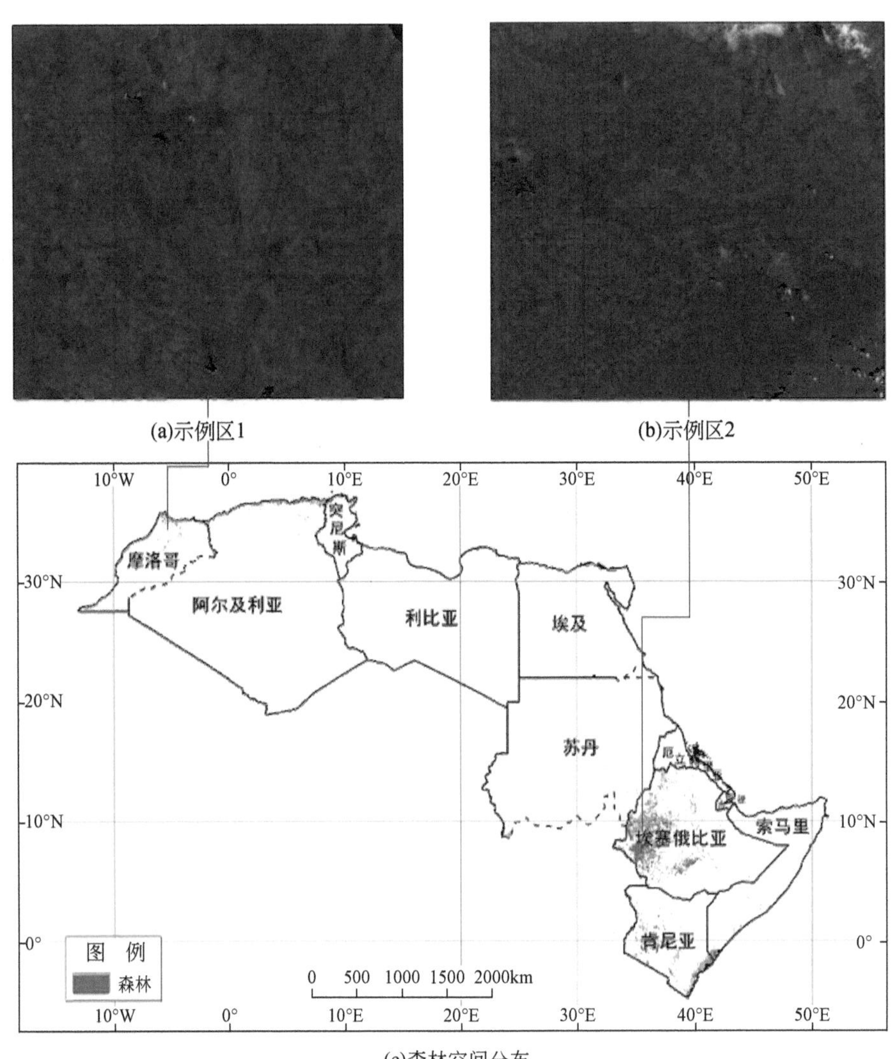

(c)森林空间分布

图 2-19 非洲东北部区森林分布

2. 森林地上生物量为 3.74 亿 t，埃塞俄比亚占全区的 43.05%

利用 2014 年森林地上生物量遥感产品分析非洲东北部区森林地上生物量空间分布特征（图 2-20）。非洲东北部区森林地上生物量总量约 3.74 亿 t，主要分布在埃塞俄比亚、肯尼亚、突尼斯、摩洛哥和索马里，森林地上生物量高值主要分布在埃塞俄比亚西部，达到 220t/hm^2；肯尼亚、索马里、突尼斯森林覆盖率高，部分地区森林地上生物量高于 100t/hm^2。

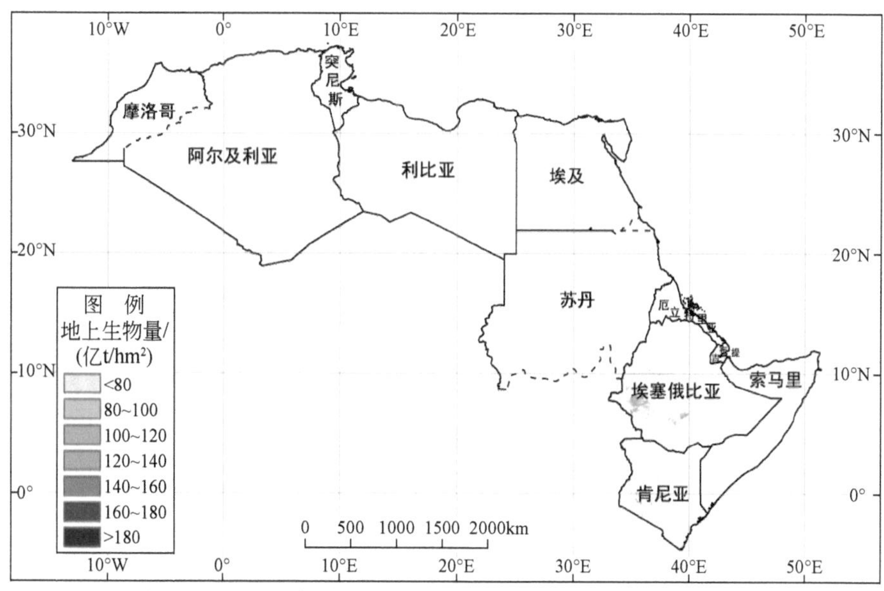

图 2-20　2014 年非洲东北部区森林地上生物量空间分布

统计非洲东北部区各国森林地上生物量估测结果，埃塞俄比亚森林地上生物量占区域总生物量的 43.05%，是该区域总生物量最大的国家；其次是阿尔及利亚、肯尼亚、突尼斯和摩洛哥，分别为 17.91%、15.78%、9.89%、9.89%（表 2-2）。

表 2-2　非洲东北部区各国森林地上生物量估测统计表

国家	地上生物量 /（亿 t/hm²）	占区域比例 /%
摩洛哥	0.37	9.89
阿尔及利亚	0.67	17.91
突尼斯	0.37	9.89
埃及	0	0.00
苏丹	0	0.00
利比亚	0	0.00
埃塞俄比亚	1.61	43.05
吉布提	0	0.00
索马里	0.13	3.48
厄立特里亚	0	0.00
肯尼亚	0.59	15.78

3. 森林年最大 LAI 空间分布差异明显，全区域年最大 LAI 值整体较低

利用遥感植被 LAI 产品分析 2014 年非洲东北部区森林类型年最大 LAI 空间分布特征（图 2-21）。该区域森林年最大 LAI 空间分布差异明显，除地中海沿岸、非洲东部部

分地区年最大 LAI ＞ 1，其余地区 LAI 值均＜ 1。此外，全区域年最大 LAI 值整体较低，为 0 ～ 6。其中部分水分充足、受人类影响较小的地区（如埃塞俄比亚高山区），其年最大 LAI 普遍高于 5；而在水分条件相对较差、受人类活动影响较大的低海拔森林分布区，森林类型的年最大 LAI 值普遍低于 3。

通过比较非洲东北部区各国森林类型年最大 LAI 分析各国 LAI 分布差异特征（表 2-3）。该区各国的年最大 LAI 普遍较低且变化很大，区域均值仅为 2.74，整体都低于 6；除阿尔及利亚、突尼斯、肯尼亚、埃塞俄比亚的年最大 LAI 高于区域均值 2.74 外，其余国家低于区域平均水平，且吉布提、厄立特里亚国内年最大 LAI 值低于 1。非洲东北部区各国不同年最大 LAI 集中在 0 ～ 2 级别，摩洛哥、埃及、苏丹、利比亚、吉布提、索马里、厄立特里亚年最大 LAI ＜ 2 的比例超过 50%，其中厄立特里亚、利比亚、埃及小于 1 级别的比例超过 36%。

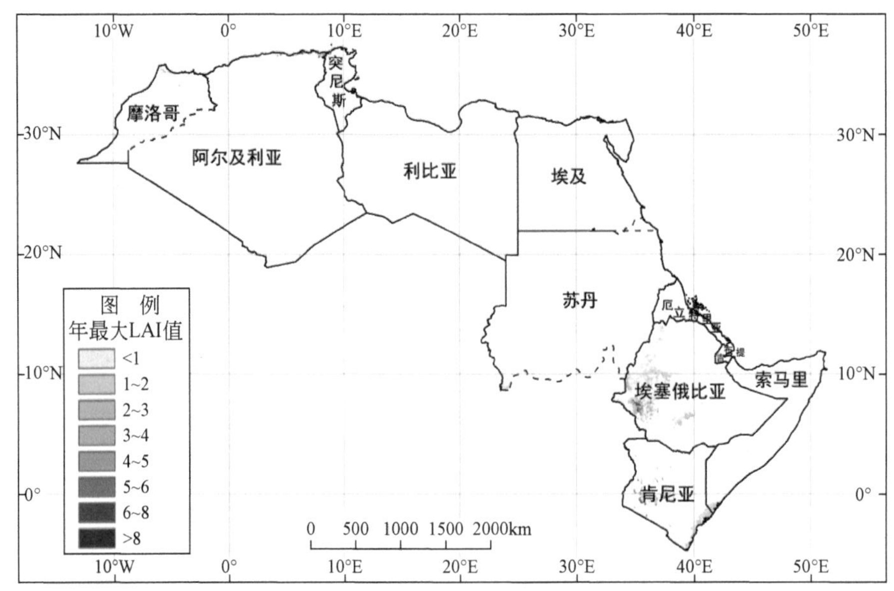

图 2-21　2014 年非洲东北部区森林类型年最大 LAI 空间分布

表 2-3　非洲东北部区各国森林年最大 LAI 统计表

国家	年最大 LAI 均值	不同年最大 LAI 级别所占比例 /%				
		＜ 1	1 ～ 2	2 ～ 4	4 ～ 6	＞ 6
摩洛哥	2.38	28.57	34.05	19.79	4.35	13.25
阿尔及利亚	5.52	9.51	16.64	22.71	6.46	44.69
突尼斯	4.71	10.28	17.12	25.03	7.80	39.77
埃及	2.61	36.96	15.22	23.91	17.39	6.52

续表

国家	年最大 LAI 均值	不同年最大 LAI 级别所占比例 /%				
		＜1	1～2	2～4	4～6	＞6
苏丹	2.25	11.62	46.51	37.80	4.04	0.03
利比亚	1.30	38.62	49.71	11.09	0.57	0.00
埃塞俄比亚	4.42	11.95	11.95	23.89	22.58	29.64
吉布提	0.005	100	0.00	0.00	0.00	0.00
索马里	2.11	21.67	34.47	37.40	3.67	2.78
厄立特里亚	0.40	97.50	1.25	1.25	0.00	0.00
肯尼亚	4.53	11.04	12.50	24.37	22.98	29.11
全区域均值	2.74	34.33	21.76	20.65	8.16	15.10

4. 森林 NPP 空间差异明显，森林年累积 NPP 较低

利用遥感 NPP 产品分析 2014 年非洲东北部区森林类型年累积 NPP 空间分布特征（图 2-22）。该地区森林类型年累积 NPP 空间差异显著，全区森林年累计 NPP 较低，除埃塞俄比亚山区、肯尼亚部分区域、地中海南岸等区域累积 NPP 超过 300gC/m^2 之外，其余地区森林区域年累计 NPP 均可忽略不计。

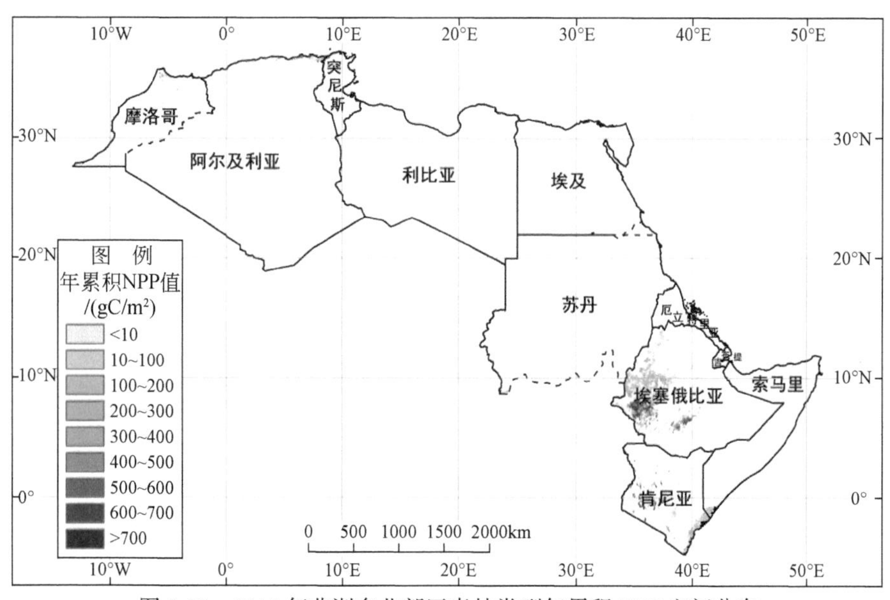

图 2-22　2014 年非洲东北部区森林类型年累积 NPP 空间分布

统计非洲东北部区各国森林类型年累积 NPP 结果（表 2-4），该区各国年累积 NPP 值变化较大，与森林覆盖率程度相关，年累积 NPP 值为 139.18 ～ 497.70gC/m^2，除埃塞俄比亚、肯尼亚、阿尔及利亚、突尼斯、摩洛哥、索马里外，其余国家普遍低于区域平

均值 300.30gC/m²；埃塞俄比亚和肯尼亚最高，均值接近 500gC/m²。非洲东北部区各国森林不同年累积 NPP 主要为 100 ～ 300gC/m²，埃塞俄比亚和肯尼亚森林不同年累积 NPP 主要高于 600gC/m² 区间，高于区域平均水平。

表 2-4 非洲东北部区各国森林年累积 NPP 统计表

国家	年累积 NPP 均值 /（gC/m²）	不同年累积 NPP 级别所占比例 / %				
		＜ 100 gC/m²	100 ～ 300 gC/m²	300 ～ 500 gC/m²	500 ～ 600 gC/m²	＞ 600 gC/m²
摩洛哥	365.19	10.42	33.61	23.03	11.93	21.01
阿尔及利亚	394.15	10.87	33.44	22.91	26.59	6.19
突尼斯	393.18	4.26	33.93	25.40	15.10	21.31
埃及	147.00	39.13	47.83	13.04	0.00	0.00
苏丹	228.42	22.05	45.45	28.86	3.64	0.00
利比亚	146.41	7.69	92.31	0.00	0.00	0.00
埃塞俄比亚	497.70	4.35	22.88	22.88	11.44	38.44
吉布提	141.04	33.85	62.31	2.31	1.54	0.00
索马里	353.89	2.34	39.58	37.47	13.58	7.03
厄立特里亚	139.18	36.36	61.26	1.19	1.19	0.00
肯尼亚	497.18	3.23	22.99	23.95	11.98	37.84
全区域均值	300.30	15.86	45.05	18.27	8.81	12.01

2.4 "一带一路"开发活动的主要生态环境限制

2.4.1 自然环境限制

水资源稀缺、土地退化是"一带一路"建设可能的自然限制因素。非洲东北部区 11 国基本上处在热带沙漠区，终年高温，太阳辐射强烈，大部分地区降水量小于 100mm，尤其是非洲北部是世界上水资源最为短缺的地区之一。非洲东北部区水体面积为 3.47 万 km²，仅占该区域总面积的 0.22%（图 2-23）。近年来，气候变化导致的严重干旱和地表蒸散增强加剧了地表水补给不足，水资源短缺，对"一带一路"基础设施的建设可能构成一定的威胁。

相较于水体面积，该区域的裸地面积高达 601.53 万 km²，占该区域总面积的 61.06%（图 2-24）。与此同时，以沙漠化、植被退化、土壤侵蚀为代表的土地退化日趋严重。

非洲东北部区的水土流失现象严重。在埃塞俄比亚和乌干达，土壤侵蚀超过了 80% 环境退化带来的损失。除阿特拉斯山脉西北侧与埃塞俄比亚高原之外，大部分地区的土地退化程度较高。土地退化减少了可耕地面积，蚕食了“一带一路”的建设空间。此外，森林破坏、湿地退化、季节性洪涝对“一带一路”的建设也形成了潜在的威胁。

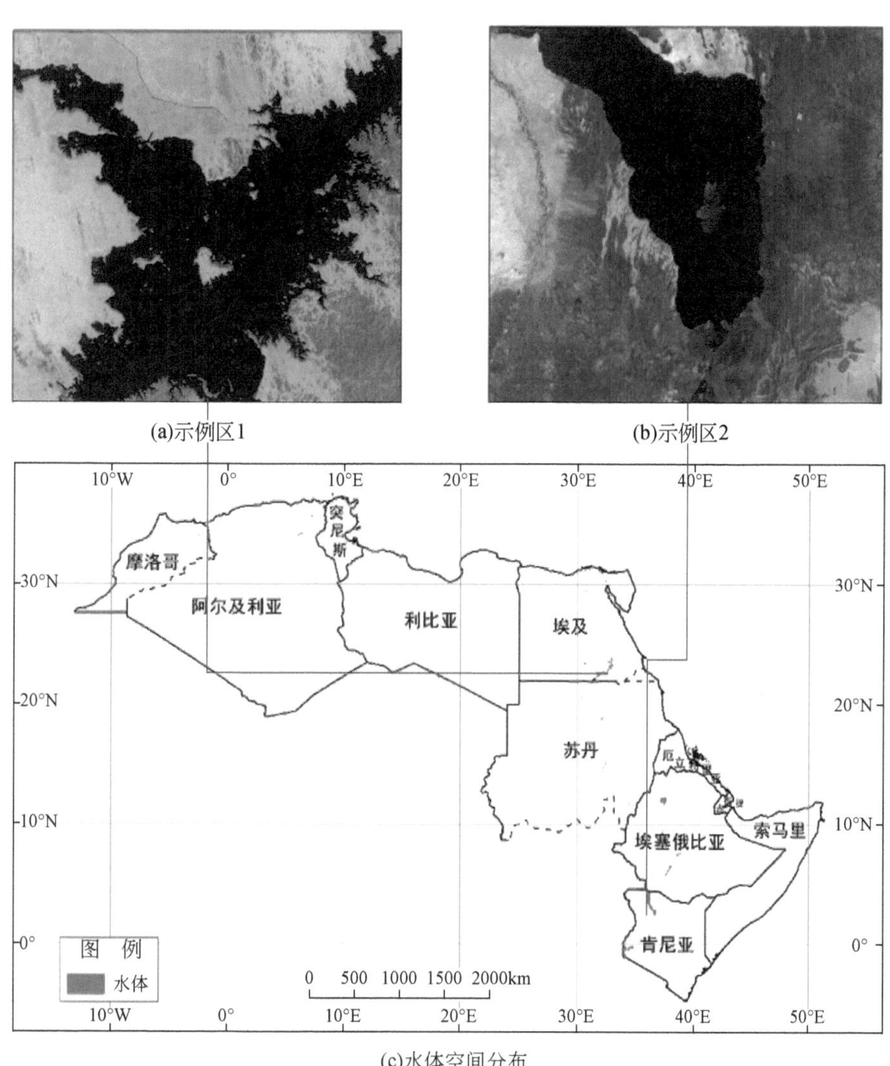

(c)水体空间分布

图 2-23　非洲东北部区水体分布

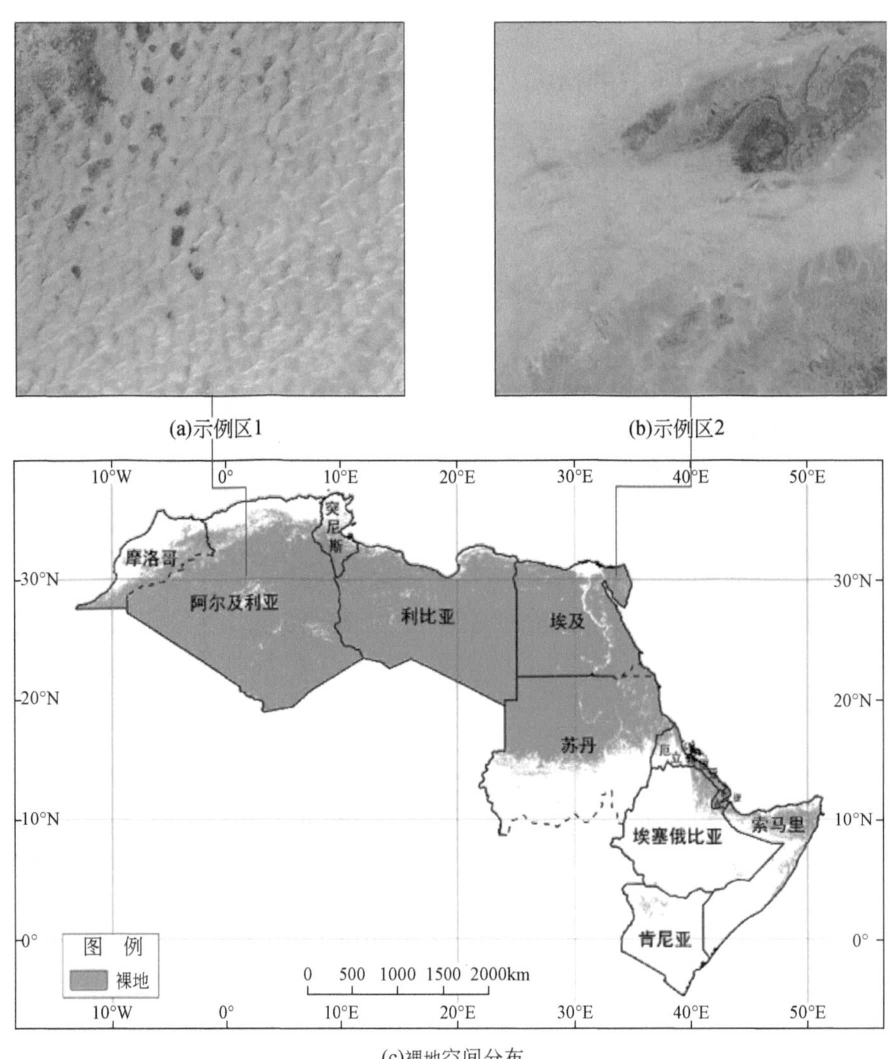

(c)裸地空间分布

图 2-24　非洲东北部区裸地分布

2.4.2　自然保护区对开发的限制

对于生态环境较为脆弱的非洲东北部区 11 国而言，在"一带一路"基础设施建设中如何兼顾对生态环境和自然保护区的保护是一个关键问题。自然保护区按等级可分为国际级、国家级、地区级保护区，是国家为了保护珍贵和濒危动、植物，以及各种典型的生态系统而建立的。

非洲东北部区的自然保护区主要包括：国家公园、景观保护区、生物物种保护区、严格自然保护区、资源保护区、自然保护区和自然遗产保护区。保护区总面积为 117.45 万 km^2，占整个区域总面积的 10.4%。其中生物物种保护区面积高达 40.76km^2，主要分布在摩洛哥和埃塞俄比亚；自然保护区次之，面积为 40.08km^2，主要分布在埃及、埃塞俄比亚和肯尼亚；国家公园的占地面积为 17.90km^2，主要分布在埃及、埃塞俄比亚和肯尼亚；严格自然保护区的占地面积为 11.24km^2，主要分布在阿尔及利亚和摩洛哥；景观保护区的占地面积为 7.13km^2，主要分布在埃及；自然遗产保护区面积为 0.042km^2，主要分布在阿尔及利亚（图 2-25、图 2-26）。

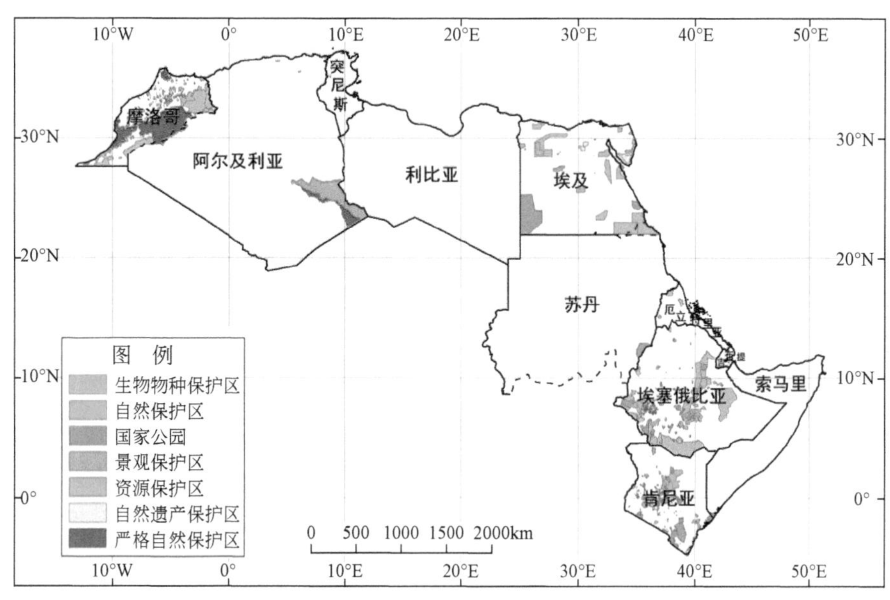

图 2-25　非洲东北部区自然保护区分布

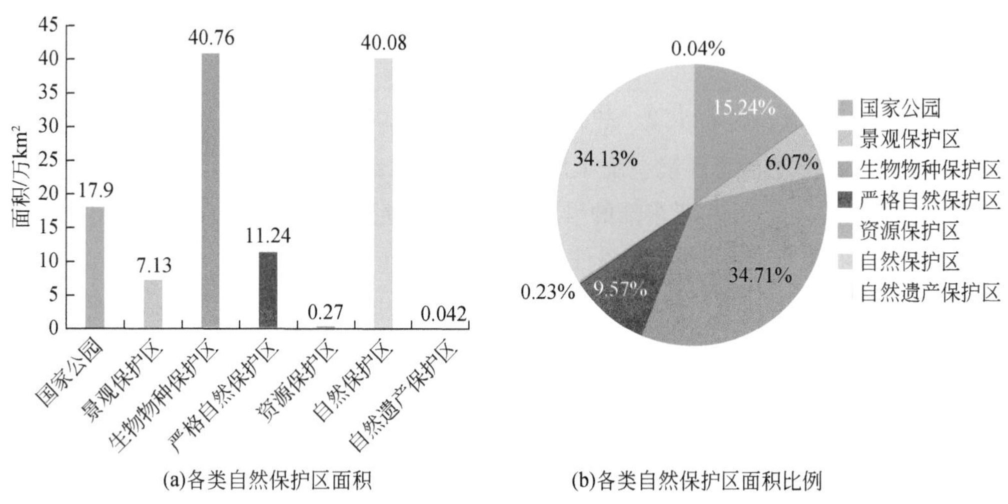

图 2-26　非洲东北部区各类自然保护区面积及比例

非洲东北部区 11 国都设有自然保护区，其中摩洛哥的自然保护区是整个非洲东北部区 11 国自然保护区面积的 27.27%，占其国土面积的 56.75%，在各国自然保护区面积占国土面积比中也是比例最大的国家，由此可见摩洛哥对保护生态系统的重视；其次，自然保护区面积占比较大的国家是埃塞俄比亚和埃及；吉布提的占比最小，仅为 0.03%（图 2-27）。这些自然保护区是全世界动植物丰富的物种基因库，对于维护生态系统多样性具有重要的作用。此外，建立遗址保护区等是保护世界文化遗产的重要手段。在“一带一路”基础设施建设中如何兼顾对生态环境和自然保护区的保护是一个关键问题。

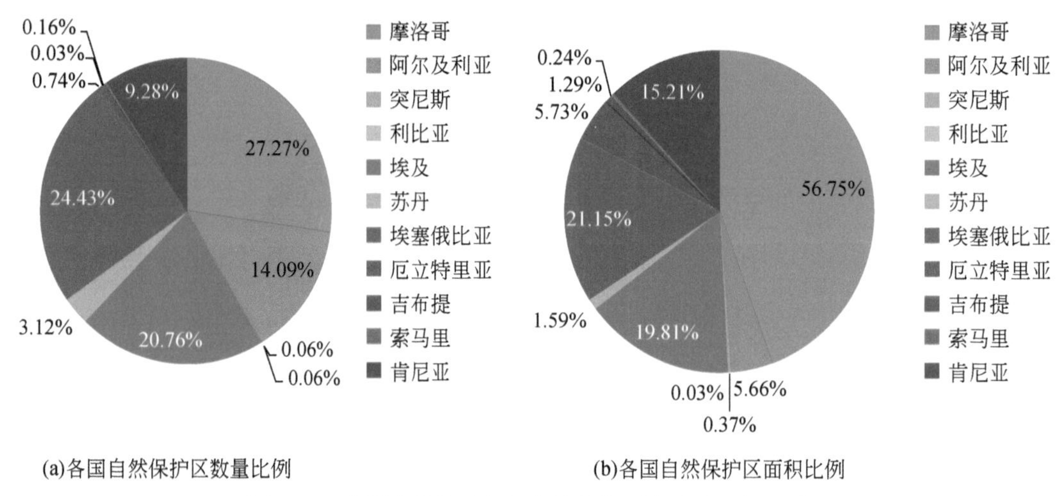

图 2-27　非洲东北部区各国自然保护区数量及面积比例

2.5　小　　结

非洲东北部区地处热带沙漠、热带半干旱、热带草原、热带森林和地中海气候区，保护区分布广泛，自然生态环境系统非常脆弱。非洲北部各国主要处于热带沙漠气候区，降水量远低于非洲东部。非洲东部的埃塞俄比亚、肯尼亚受到热带高原气候和季风气候的影响，降水相对较为丰沛，水土条件组合较好。

该区土地覆盖以裸地为主，灌丛和农田次之。其中，裸地是非洲东北部地表覆盖面积最大、分布最广的类型，占该区域总面积的 61.06%，其次是灌丛，主要分布在非洲东部的埃塞俄比亚、索马里、肯尼亚、苏丹等国，占该区域总面积的 21.92%。区域内灌溉农业发达，地中海沿岸和埃塞俄比亚高原是主要的粮食种植区。其中埃及是世界上最重要的长绒棉生产和出口国，非洲东部各国是传统的农业国。

非洲东北部区的自然保护区主要包括：国家公园、景观保护区、生物物种保护区、严格自然保护区、资源保护区、自然保护区、自然遗产保护区。总面积为 117.45 万 km^2，占整个区域总面积的 10.4%。这些自然保护区是全世界动植物丰富的物种基因库，对生态系统非常脆弱的非洲东北部而言具有重要的生态意义。此外，遗址保护区等是保护世界文化遗产的重要手段。

该区域的生态环境限制包括干旱、土地退化、森林破坏、生物多样性保护等。非洲北部和东部 11 国基本上处在热带沙漠区，是世界上水资源最为短缺的地区之一，水域面积仅占该区域总面积的 0.22%，裸地面积超过 60%。近年来，气候变化和人类破坏又加剧了土地沙漠化。水资源短缺、海平面上升和土地退化对“一带一路”的建设形成了潜在的威胁。由此可见，该区“一带一路”政策在基础设施建设开发与生态资源保护之间需要保持平衡，兼顾环境保护与经济社会发展。

第3章　重要节点城市与港口分析

非洲东北部区是“21世纪海上丝绸之路”的重要目的地，是连接印度洋和欧洲的战略通道。以基础设施建设为重点，通过“21世纪海上丝绸之路”上的重要节点城市和港口的跨越式发展，带动区域发展，编织共同利益网络。随着这些基础设施的建设与规划，势必会给这些节点城市带来前所未有的发展，同时进一步加强中国与这些国家的双边贸易关系，加强物资流通，对经济贸易、社会发展、文化交流发挥着举足轻重的作用。

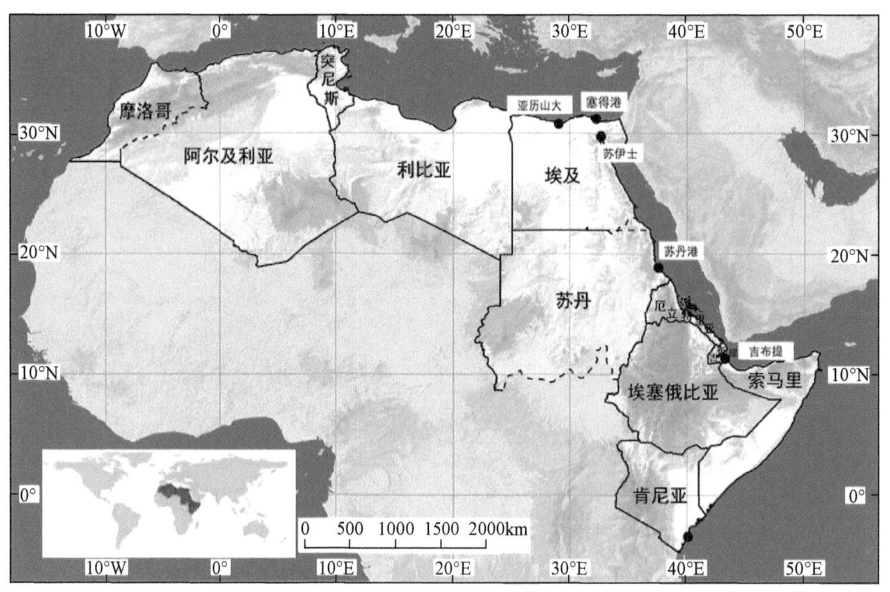

图3-1　非洲东北部区“一带一路”节点城市和港口分布

“21世纪海上丝绸之路”红海、地中海段有多个非洲节点城市和港口，这些港口城市在“一带一路”倡议的践行中起着重要的连接作用，主要包括埃及的苏伊士市、塞得港、亚历山大市和吉布提的吉布提市、苏丹的苏丹港、肯尼亚的蒙巴萨市等节点城市。图3-1是非洲东北部区“一带一路”节点城市和港口的分布。

3.1　苏伊士市

3.1.1　概况

苏伊士市位于埃及东部，濒临苏伊士省北部海湾，接苏伊士运河南端出口，是埃及著名的港口城市，苏伊士省首府。苏伊士市总面积为 25.4km^2，人口约为 56.6 万。其城区构成包括两个港口，易卜拉辛港（Port Ibrahim）和陶菲克港（Port Tawfiq）及新城地区。同时，以开罗为中心的通达的铁路和高速公路网与苏伊士市紧紧相连，实现对港口资源与货物的快速转运。

苏伊士市历史上就是尼罗河和红海之间航运的重要中转站。苏伊士运河开通后，苏伊士港成为重要的国际港口，连接苏伊士湾区与苏伊士运河，是埃及对外物资交流与运输的重要港口基地之一。此外，苏伊士湾区具有丰富的石油资源，是全国重要的采油区，有穆尔甘、拜拉伊姆等海上油田。输油管道联通开罗及亚历山大。苏伊士市在"一带一路"中的地理位置优越，作为苏伊士运河的南端口，苏伊士市是连接地中海和红海的重要枢纽，也是连接"欧亚非"海上航道的必经港口。

3.1.2　典型生态环境特征

苏伊士市位于苏伊士运河的南端，并与苏伊士湾区直接相连，一面朝海，三面环沙，地势平坦。

苏伊士市位于热带沙漠气候影响区域，一年四季比较炎热且降水较少，不适于农业生产和种植，其物资输送和供给主要依赖于地面交通网络和地下管道设施。其生态环境主要表现为"炎热少雨"的特征。

1. 建成区不透水层占比 82%

从遥感影像看（图 3-2），苏伊士市建筑物分布密度空间差异显著。城市东北部以低矮密集的建筑物为主，西北和西南建筑分布相对松散。城市内部的绿地面积相对较小，在东北部外围沿着苏伊士运河狭长区域分布着部分农田。苏伊士市主要的城市建设用地分布以轨道交通为导向，建筑密度从东北核心以辐射状向外放射。从土地利用类型来看，整个市域不透水层覆盖面积较高，为 37km^2，占整个市域面积的 82%（图 3-3、图 3-4）。其次是裸地，约占 15%，其中裸地大部分位于苏伊士城区西北角。此外，受自然条件限制，植被分布区域较为有限且相对分散。水体主要分布在靠近苏伊士运河附近的港口沿岸区域。整体来看，苏伊士城市不透水层的紧密度较高，水体与植被稀少。

2. 建成区 10 千米缓冲区内裸地面积最大

以 2010 年 30m 土地覆盖数据为基础，苏伊士建成区周边 10km 缓冲区为界线，分析其周边生态环境状况（图 3-5）。受热带沙漠气候影响，缓冲区内裸地面积最大，为 323.46km^2，占地比例为 77.62%；农田主要分布在苏伊士运河西侧和缓冲区东部，占地面积为 38.02km^2；缓冲区内水体面积占到 1.82%，但以海水为主，淡水资源稀缺；另外，缓冲区内的草地占地面积最小，仅为 8.4km^2，主要分布在苏伊士运河东部。

图 3-2　苏伊士市 Landsat 8 遥感影像

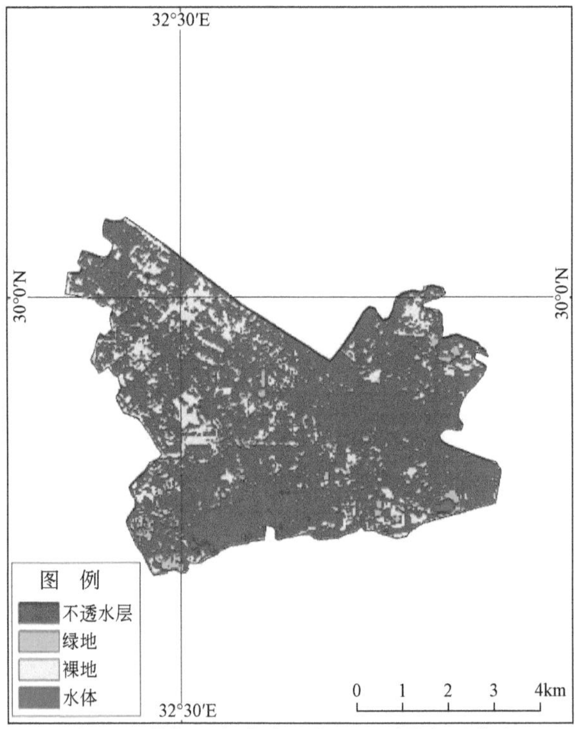

图 3-3　苏伊士市建成区内土地覆盖类型分布

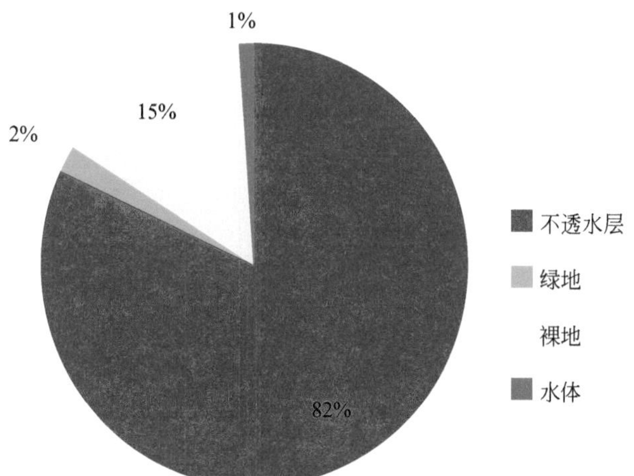

图 3-4　苏伊士市建成区内土地覆盖类型面积比例

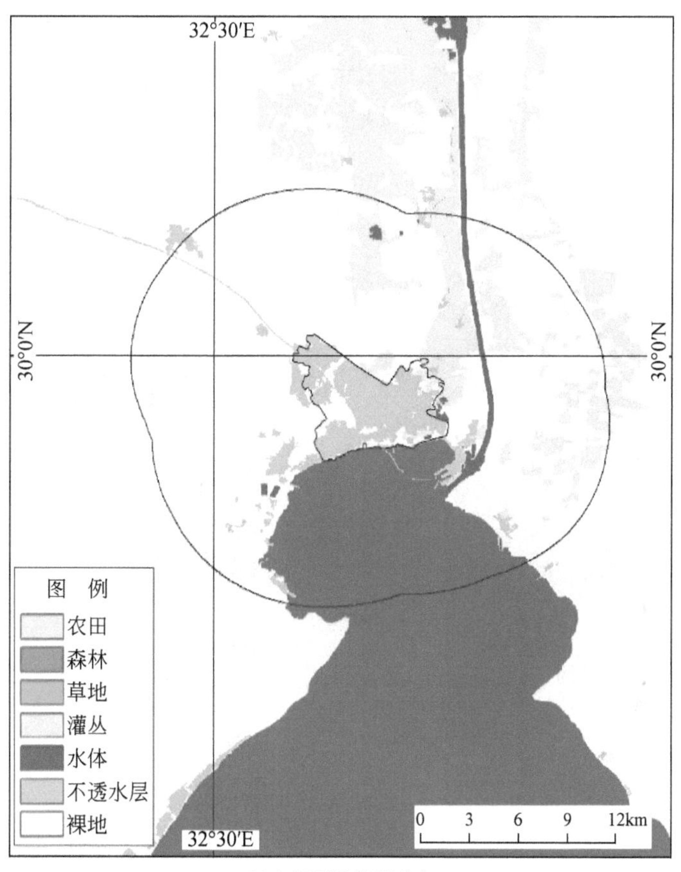

(a)土地覆盖类型分布

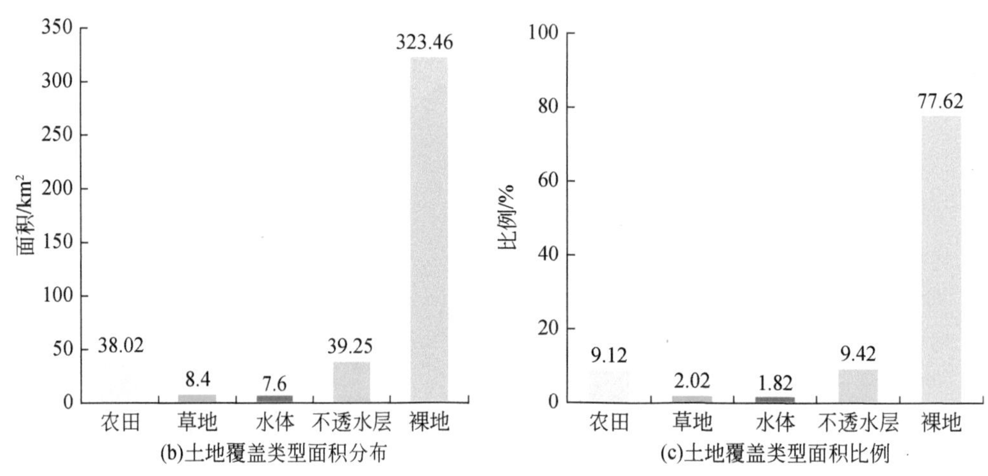

图 3-5　苏伊士市建成区周边土地覆盖类型分布及其面积比例

3.1.3　城市发展现状与潜力评估

建成区内部灯光趋势处于相对饱和状态，而周边 10km 范围具有较大的发展潜力，将会成为城市建设的主要扩张区域（图 3-6）。

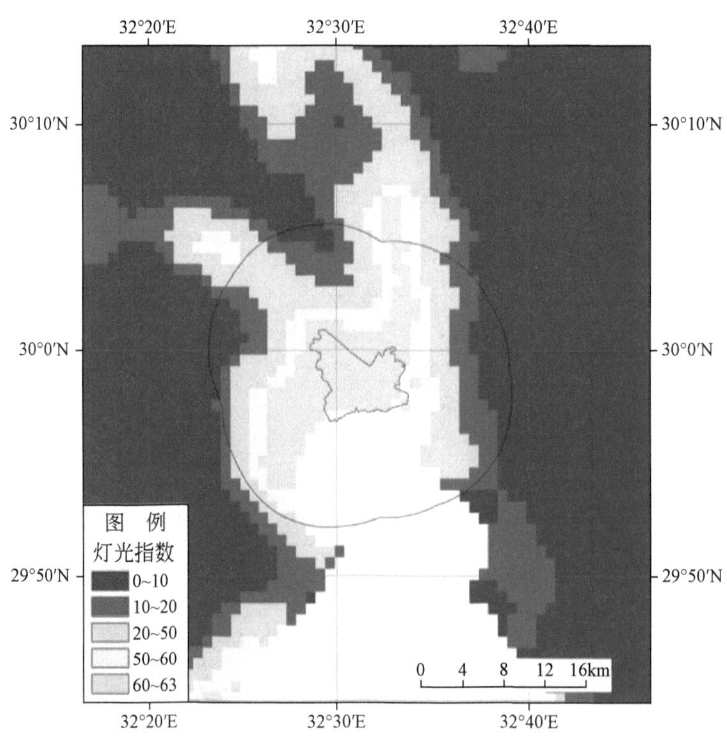

图 3-6　苏伊士市 2013 年夜间灯光指数分布

从苏伊士城市内部及周边的灯光指数变化速率图可以看出（图 3-7），建成区外北部和西部大部分区域灯光指数增长速率在 1.0 以上，由此可见该区域在 2000 ～ 2013 年增长速率较快，城市主要向西北方向扩张；而建成区内部灯光指数增长速率保持在 0 左右，部分地区出现灯光指数减弱或下降的现象。从灯光指数分布现状及其变化可以看出，苏伊士港城市建成区内部处于相对饱和状态，而周边 10km 范围具有较大的发展潜力，将会成为城市建设的主要扩张区域。

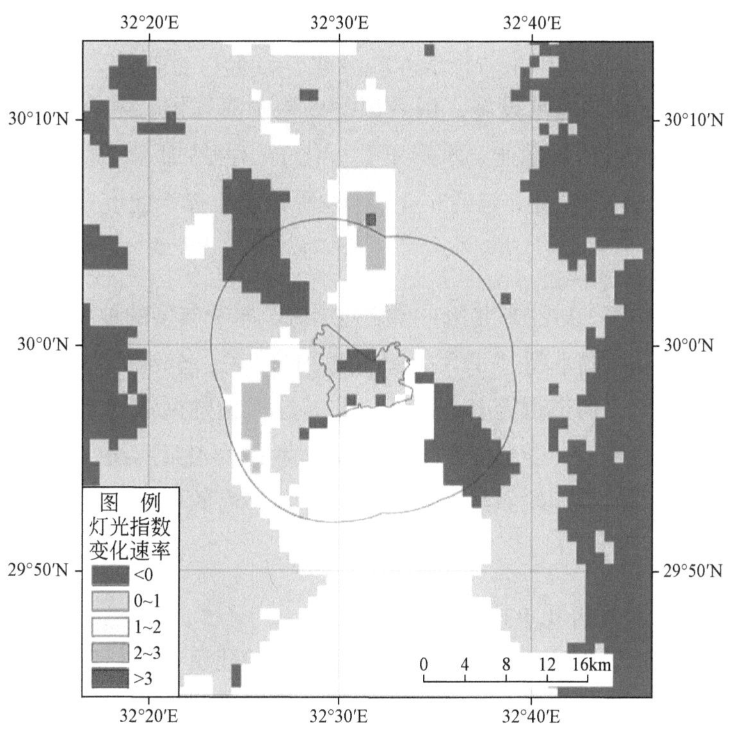

图 3-7　苏伊士市 2000 ～ 2013 年灯光指数变化速率

苏伊士市在“一带一路”倡议中起着重要的枢纽作用。作为苏伊士运河的重要港口节点，其港口运营及发展直接关系到“欧亚非”贸易运输及发展；同时也是全球城市网络中的重要节点，对于推动和发展非洲的城市化进程起着积极作用。

3.2　塞　得　港

3.2.1　概况

塞得港位于埃及东北角，坐落于苏伊士运河北端地中海沿岸，是一座典型的海港城市，也是塞得港省的省会城市。塞得港是世界最大转运港之一，包括外港在内共有 375km^2，人口约为 50 万。作为苏伊士运河与地中海连接的枢纽城市，塞得港承担着沿地中海港口区域的航运转运功能，也是尼罗河三角洲东部农产品（棉花与稻谷）的主要输出港。

塞得港在"一带一路"中的地理位置优越，是"海上丝绸之路"上的重要枢纽城市。塞得港的地理位置极为突出，是地跨"亚非"两大洲的重要港口城市，连接欧亚海港贸易的重要中转站。城市、港口与运河构成了塞得港独有的特色，是非洲地区集旅游、观光、度假、贸易、投资为一体的理想港湾，也是重要的旅游城市。受益于尼罗河三角洲发达的水系网络，塞得港河陆交通网络发达，能够便捷地连通埃及其他主要城市。塞得港具有较大的港运吞吐能力，其中集装箱最大起重能力达 45t，浮吊达 200t，码头最大可靠 4.5 万 t 重船。依托于便利的海港设施，以及温润的地中海气候，塞得港发展了多种农业与渔业及其相关产业，包括船舶业、水产工业，化工、食品加工、烟草等。此外，温润的地中海气候使得其在其他产业，包括农业、渔业等传统支撑产业上具有无可比拟的优势。

3.2.2 典型生态环境特征

塞得港地处尼罗河三角洲东北角，濒临地中海，属于典型的地中海气候，气候温和，冬暖夏凉，年平均最高温不超过 37℃，最低温约为 7℃，全年平均降水约为 150mm。其市辖范围内地势平坦，河道贯穿其中。在城市外围的内陆区域拥有大量的农田，农业也是塞得港重要的支柱产业。受益于尼罗河三角洲发达的水系网络，塞得港与埃及其他城市构成了较为便捷的河道运输系统。同时，沿着地中海的轨道交通支撑着塞得港主要物资的输送和供给。

1. 建成区不透水层占比 83%

从遥感影像看（图 3-8，图 3-9），塞得港城市的建筑密度整体较高。重要的港口设施分布在城市沿河的外延区域，在市中心主要以居民点建筑为主，在城市外围靠近尼罗河三角洲区域，城市建筑密度又相对较低。此外，塞得港城市内部的绿地面积相对较小，主要的农业区分布在塞得港南部的三角洲平原。从土地利用类型来看，整个市域不透水层覆盖面积较高，约为 37.24km^2，占整个市域面积的 83%，其次是裸地和水体。自然植被的覆盖比例仅为 3%（图 3-10）。因此，整体而言，塞得港的城市建筑密度相对较高。

2. 建成区 10km 缓冲区内水体面积最大

以 2010 年 30m 土地覆盖数据为基础，塞得港建成区周边 10km 缓冲区为界线，分析其周边生态环境状况（图 3-11）。缓冲区内水资源较为丰富，受益于尼罗河三角洲发达的水系网络，淡水面积达到 98.28km^2；城市周边农田的分布非常集中，主要在城市的南部，面积为 59.86km^2，占地比例 20.39%。缓冲区内的裸地面积为 78.44km^2，主要分布在塞得港建成区的外围和东部。

图 3-8　塞得港 Landsat 8 遥感影像

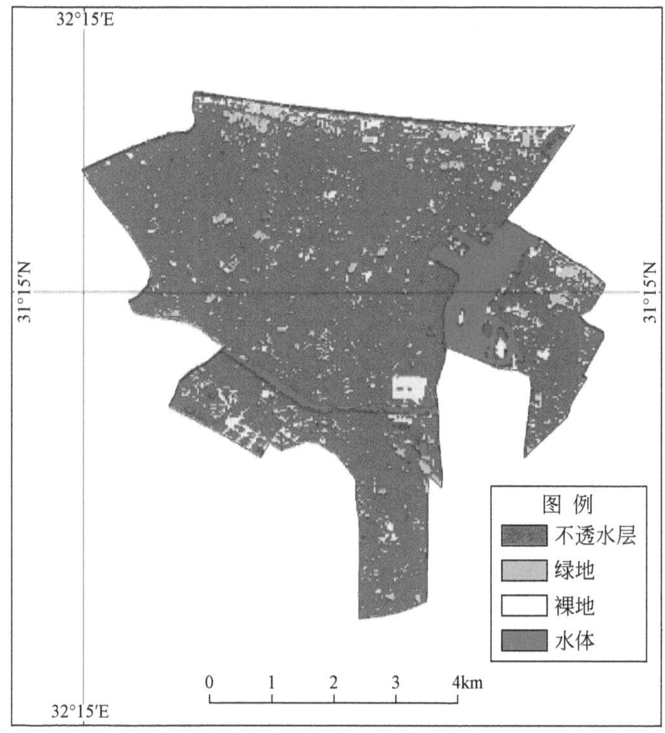

图 3-9　塞得港建成区内土地覆盖类型分布

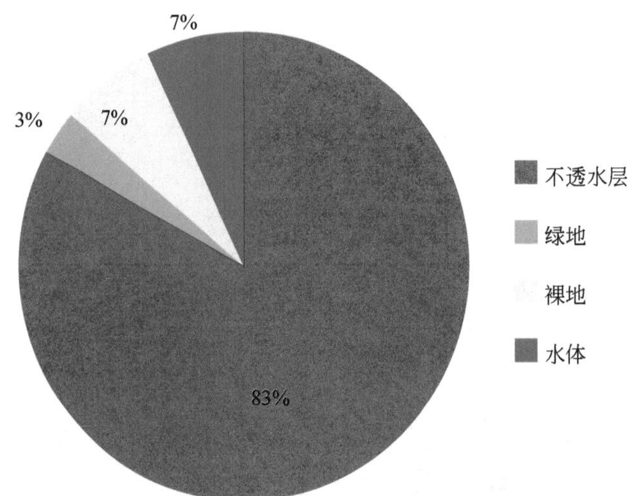

图 3-10　塞得港建成区内土地覆盖类型面积比例

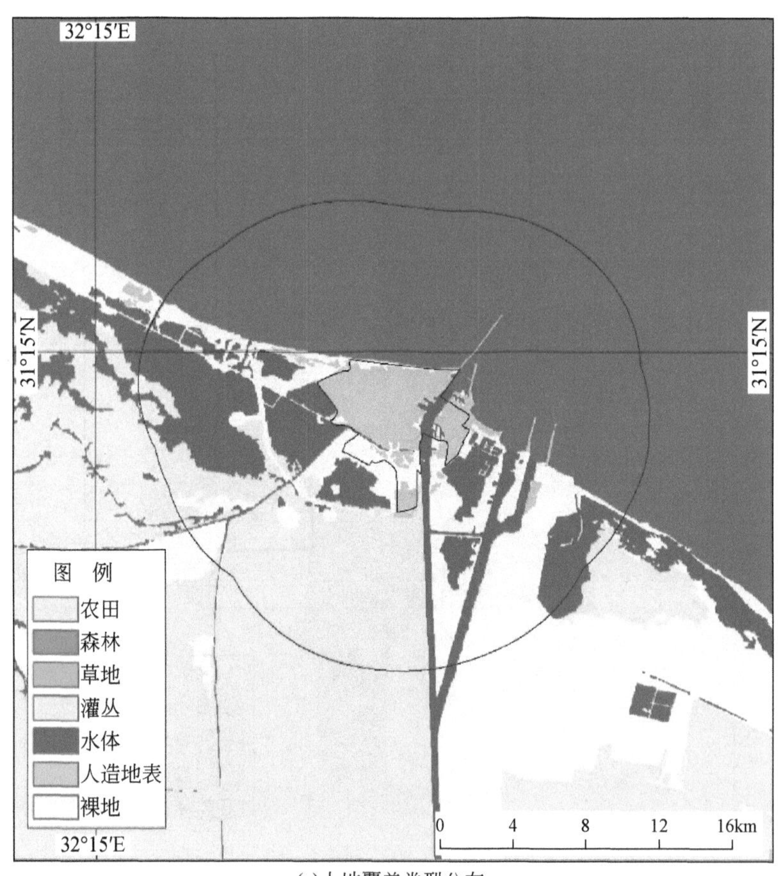

(a)土地覆盖类型分布

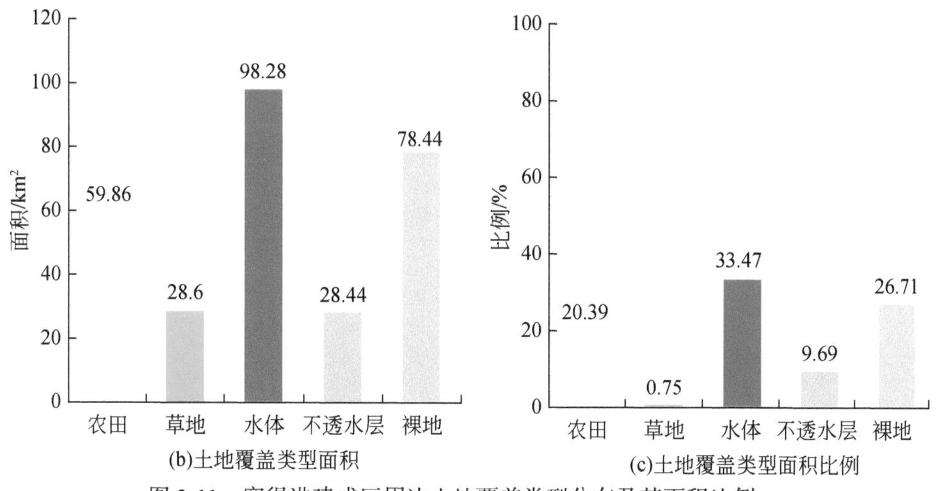

图 3-11　塞得港建成区周边土地覆盖类型分布及其面积比例

3.2.3　城市发展现状与潜力评估

建成区内部灯光指数已相对饱和（图 3-12），而周边 10km 缓冲区内灯光指数略低，有较大的发展潜力。

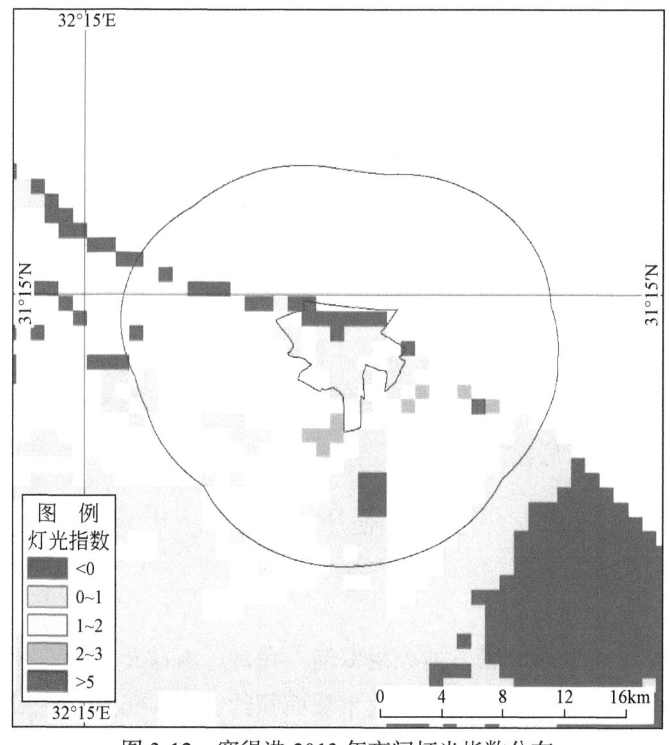

图 3-12　塞得港 2013 年夜间灯光指数分布

从塞得港建成区及周边的灯光指数变化速率图可以看出（图 3-13），塞得港南部部分区域灯光指数增长速率在 1.0 以上，由此可见该区域 2000 ～ 2013 年城市增长速度较快；而建成区的北部出现灯光指数减弱或下降的区域，灯光指数增长速率处于 0 以下。从灯光指数分布现状及其变化可以看出，塞得港周边 10km 范围具有较大的发展潜力，将会成为城市建设的主要扩张区域。

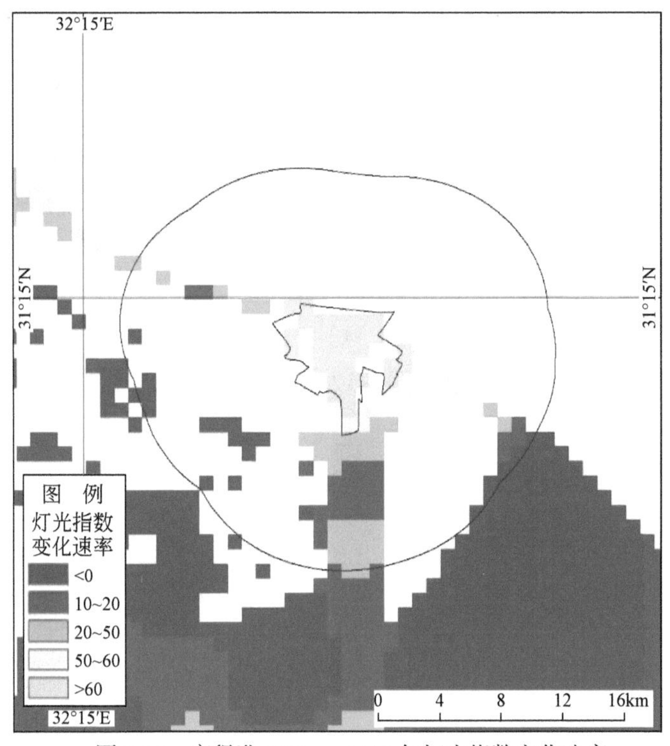

图 3-13　塞得港 2000 ～ 2013 年灯光指数变化速率

在"一带一路"倡议下，塞得港未来将进一步增强其在航运、贸易及旅游观光中的作用。塞得港自身城市功能的完善与港口吞吐能力的进一步增强，将带动"亚非欧"区域经济一体化及城市化的快速发展。

3.3　亚历山大市

3.3.1　概况

亚历山大市位于埃及西北角，地处尼罗河三角洲，濒临地中海，是埃及重要的港口城市，也是亚历山大省的省会。亚历山大市域面积约为 2 679km^2，人口约为 411 万。亚历山大市属于湾颈河口港，城市沿地中海岸线分布。其独特的地理优势使得其在 19 世纪末就成为了世界主要船运及交易中心。其中，尼罗河流域发达的农业和连接地中海与红海的重要地理区位为这座城市的发展奠定了良好的基础。同时，航运交通枢纽的地位保证了充足的天然气和石油供应，使得亚历山大市成为埃及重要的工业城市。此外，亚历山大市还具有优美的自然景观，是埃及著名的旅游城市。

亚历山大市属于热带沙漠气候，但受盛行北风影响，其气候较内陆区域而言比较温和。该地区常年气温较高，年均降水量约为200mm。亚历山大市在“一带一路”中的地理位置极为优越，是地中海的重要港口，也是非洲的重要港口，在连接欧洲与非洲的贸易中具有不可替代的作用。

3.3.2 典型生态环境特征

亚历山大市地处尼罗河三角洲西北角，濒临地中海，地势平坦，气候炎热但降水较为丰富。亚历山大市背靠尼罗河农业三角洲，西邻沙漠，港口区位条件优越。

1. 建成区不透水层占比84%

从遥感影像看（图3-14），亚历山大建筑密度较大，建筑密度沿地中海岸向内陆逐渐变疏。在临地中海沿岸地区主要以高层建筑为主，建筑密度相对较高；其次是低矮密集的居民点分布；再深入内陆建筑密度逐渐变疏，多种功能类型的用地类型开始出现。

图3-14 亚历山大市 Landsat 8 遥感影像

在亚历山大城区，水系路网交错，并分布有多个大型绿地空间。从土地利用类型来看，整个市域不透水层覆盖面积较高，约为 $54.6km^2$，占整个市域面积的 84%，其次是裸地，约占总面积的 11%（图 3-15、图 3-16）。

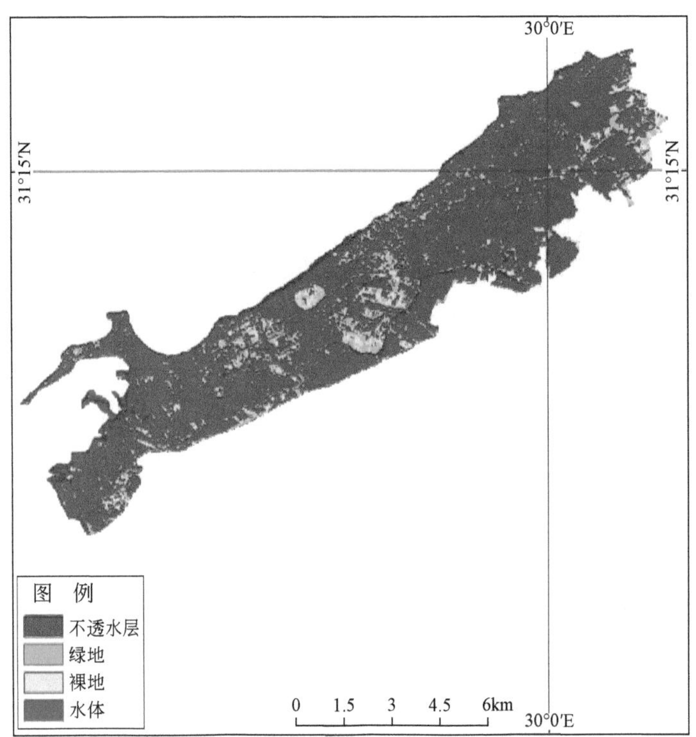

图 3-15 亚历山大市建成区内土地覆盖类型分布

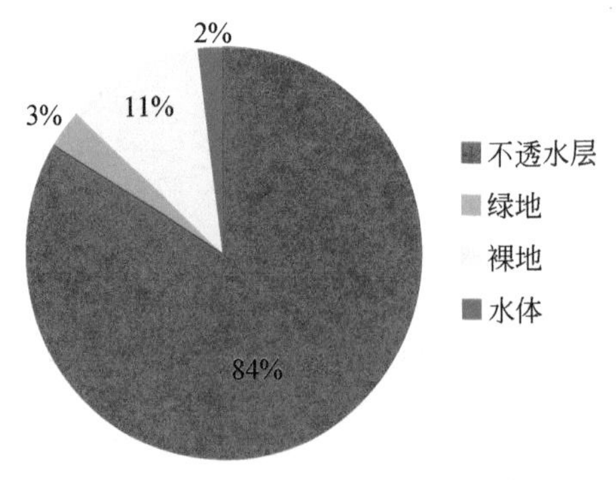

图 3-16 亚历山大市建成区内土地覆盖类型面积比例

2. 建成区 10km 缓冲区内水体面积最大

以 2010 年 30m 土地覆盖数据为基础，亚历山大市建成区周边 10km 缓冲区为界线，分析其周边生态环境状况（图 3-17）。由于丰富的水资源和当地有利的气候条件，亚历山大市周围的农田面积较大（226.71km^2），主要分布在建成区东南部的尼罗河三角洲，占地比例为 35.24%。缓冲区内的不透水层占地面积最多，为 283.19km^2，约占 44.02%，主要分布在地中海沿岸。

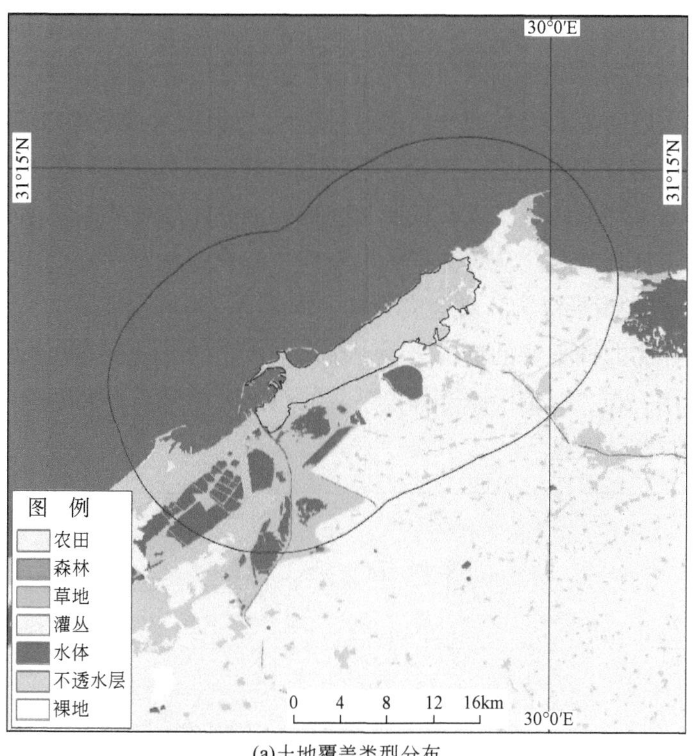

(a)土地覆盖类型分布

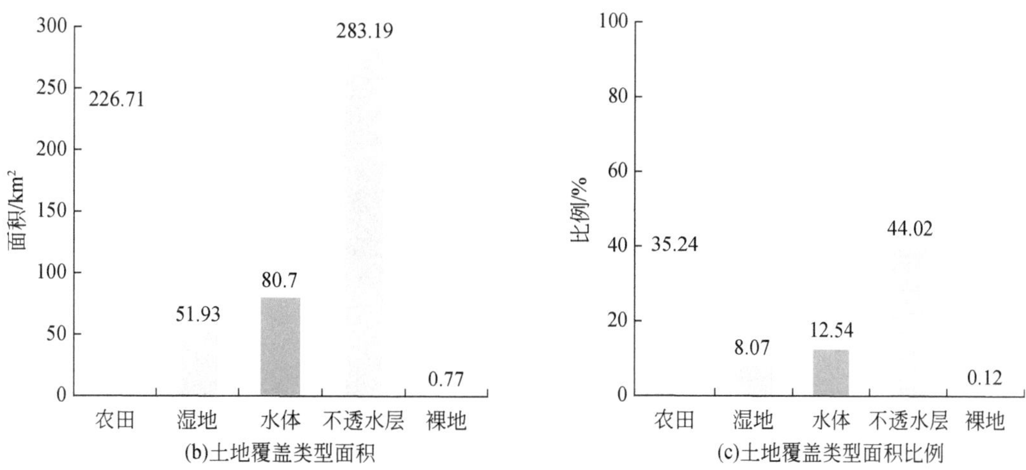

(b)土地覆盖类型面积　　(c)土地覆盖类型面积比例

图 3-17　亚历山大市建成区周边土地覆盖类型分布及其面积比例

3.3.3 城市发展现状与潜力评估

建成区内灯光指数已相对饱和，灯光饱和区主要出现在港口附近，相比之下外围的灯光指数略低，有较大的发展空间（图 3-18）。

从亚历山大市内部及周边的灯光指数变化速率图可以看出（图 3-19），建成区外东南部大部分区域灯光指数增长速率大于 1.0，由此可见该区域在 2000 ～ 2013 年增长速率较快，而建成区内部灯光指数增长速率相对缓慢，因此该区域较长时间内处于相对饱和状态，故其变化速率相对平缓。值得注意的是，建成区外 10km 缓冲区内的西南部出现灯光指数减弱或下降的区域。随着城市化进程的推进，灯光减弱现象主要反映出亚历山大市周边的人口迁移状况。从灯光指数分布现状及其变化可以看出，亚历山大市周边 10km 范围具有较大的发展潜力，将会成为城市建设的主要扩张区域。

亚历山大市作为非洲重要的港口之一，在未来承担国际航运吞吐和城市发展中将扮演极为重要的作用。在"一带一路"倡议下，亚历山大市将会在高端休闲旅游、海港资源等领域面临新的发展机遇。

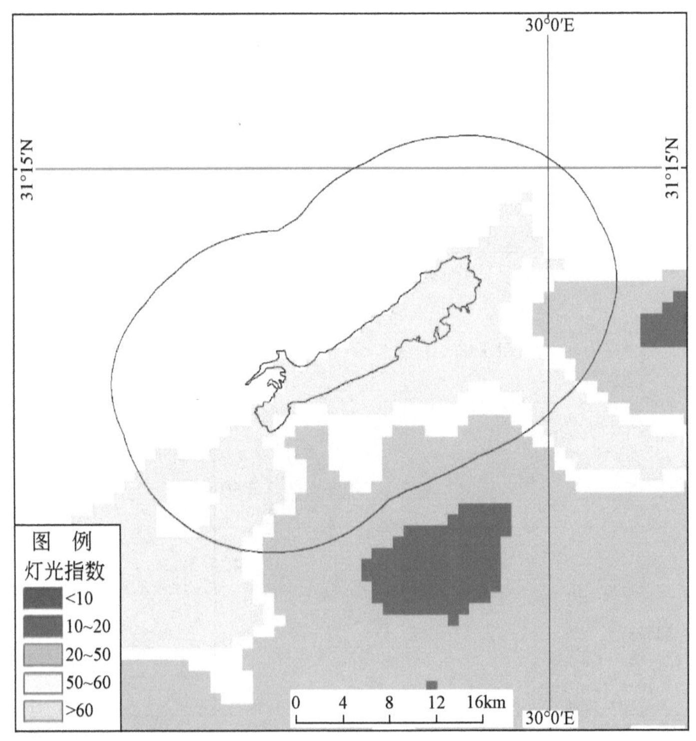

图 3-18 亚历山大市 2013 年夜间灯光指数分布

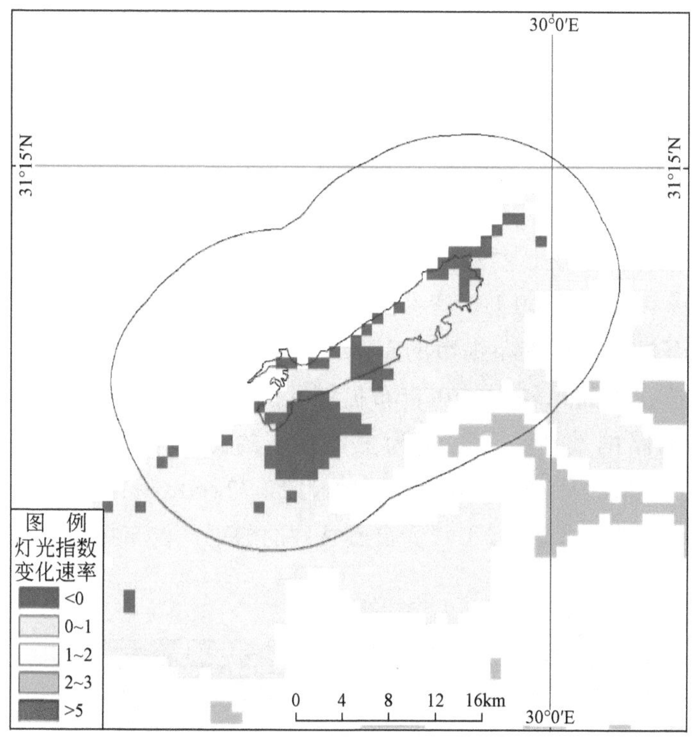

图 3-19　亚历山大市 2000 ~ 2013 年灯光指数变化速率

3.4　吉布提市

3.4.1　概况

吉布提市是东非吉布提共和国自由港口城市，也是埃塞俄比亚中转港。其位于东南沿海塔朱拉湾的南岸入口处，濒临亚丁湾的西南侧，是吉布提最大的海港，也是东非最大的现代化港口之一。吉布提市位于吉布提国境的东南岬角上，港口形状酷似一向西的抓斗，斗门向南，其东南、东北、西北三面皆为码头。码头铁路沿线直通市中心，港口距吉布提国际机场约 7km，可起降大型客机、货机，是欧洲与非洲内陆国家的重要航空枢纽。吉布提市面积约为 14.7km^2，人口约为 60 万，全国 2/3 的人口集聚于此。

吉布提市属热带沙漠气候，四季炎热，年平均气温在 35℃以上，夏季最高气温可达 46℃，冬季平均气温约为 25℃。受盛行风的影响，吉布提市降水相对丰富，全年平均降水量约为 150mm。吉布提市在“一带一路”中的地理位置优越，其东临曼德海峡，是红海进入印度洋的要冲，同时拥有东非少数大型的现代化国际港口设施，因此战略位置十分重要。

3.4.2 典型生态环境特征

吉布提市地处东非亚丁湾畔，直面塔朱拉湾，东临曼德海峡，是远洋船只进入红海的重要中转港口（图 3-20）。吉布提市地势低洼平坦，气候炎热但雨水相对丰富。吉布提市是典型的"以港带城"的城市，港湾地理位置优越，战略意义重大。

1. 建成区不透水层占比 87%

从遥感影像看（图 3-20），吉布提市建筑密度较大，展现以港口为核心向内陆辐射的空间形态格局。在吉布提市的东南角（港口区）分布着较多的工业设施用地，建筑密度较为稀疏但面积较大。在吉布提城区，居民点分布密度较高，在空间上高度集聚。城区内路网发达。以铁路为主要载体的交通网络遍布市区。从土地利用类型来看，整个市域的不透水层覆盖面积约为 12.72km^2，占比约为 86%。其次是裸地，约占比 12%（图 3-21、图 3-22）。受自然条件的约束，吉布提市的自然植被覆盖率较低（不到 2%）。

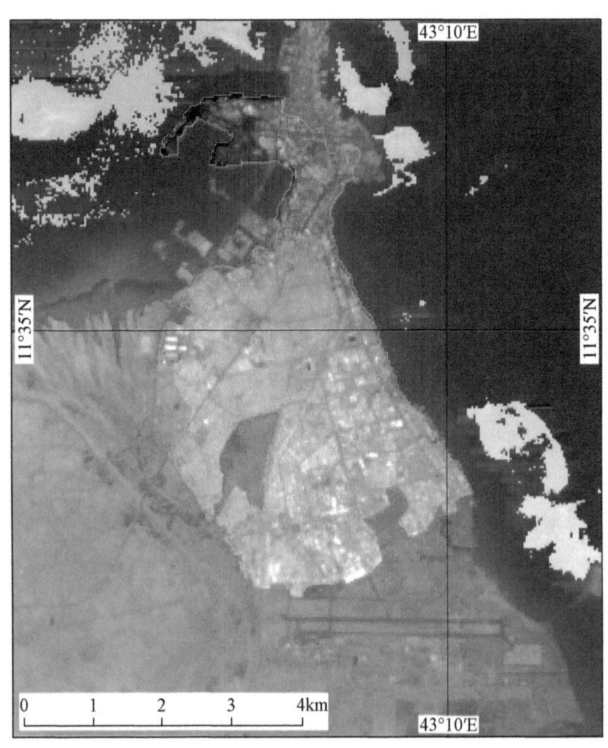

图 3-20　吉布提市 Landsat 8 遥感影像

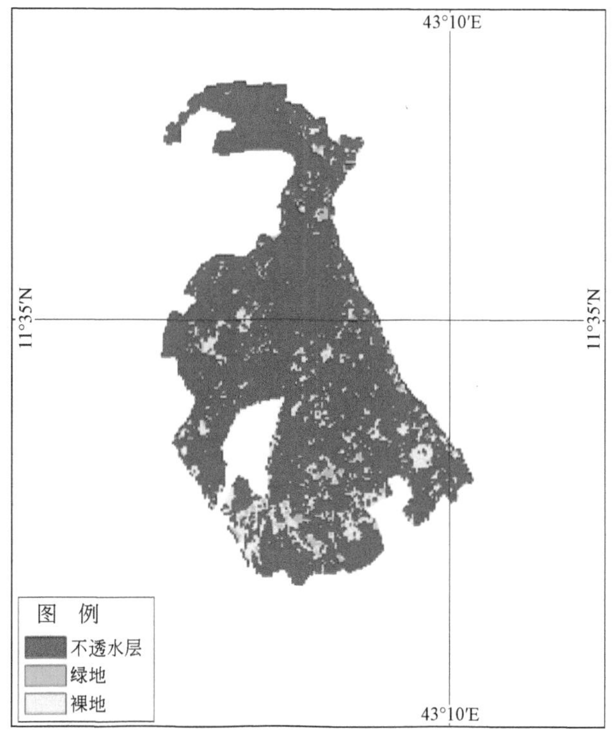

图 3-21　吉布提市建成区内土地覆盖类型分布

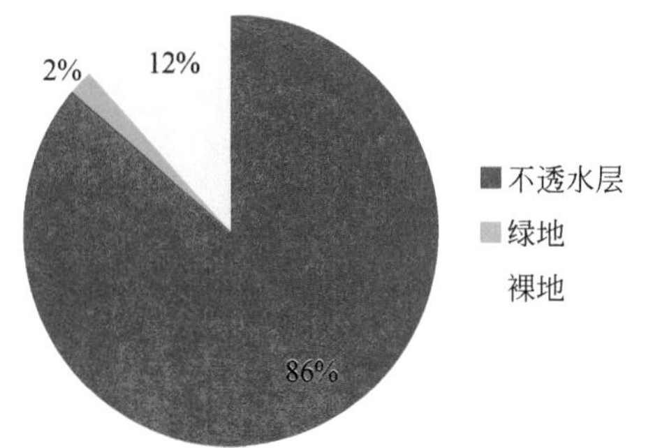

图 3-22　吉布提市建成区内土地覆盖类型面积比例

2. 建成区 10km 缓冲区内水体面积最大

以 2010 年 30m 土地覆盖数据为基础，吉布提市建成区周边 10km 缓冲区为界线，分析其周边生态环境状况（图 3-23）。由于盛行风的影响，缓冲区内的草地面积较大（112.89km^2），主要分布在吉布提市的西南部。在缓冲区的东南部以灌丛为主，占地面积为 42.57km^2，占地比例为 20.66%。缓冲区内的不透水层占地面积为 43.17km^2，达到 20.95%。

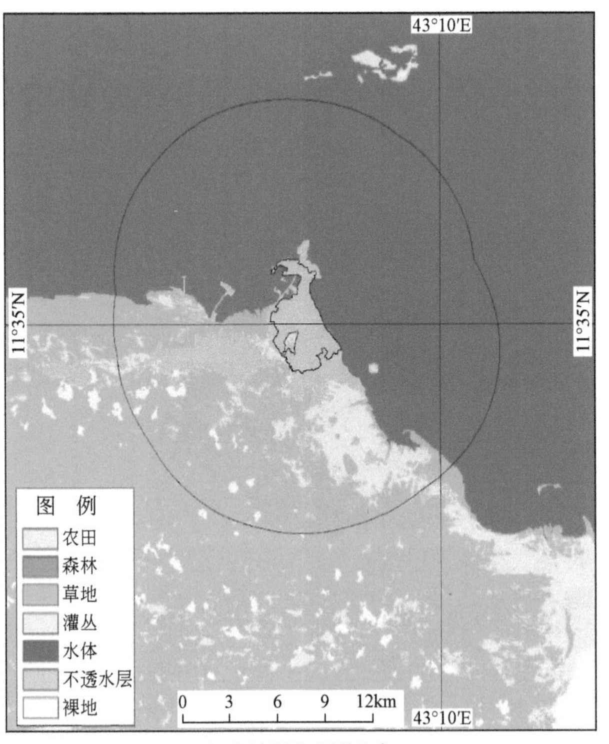

(a)土地覆盖类型分布

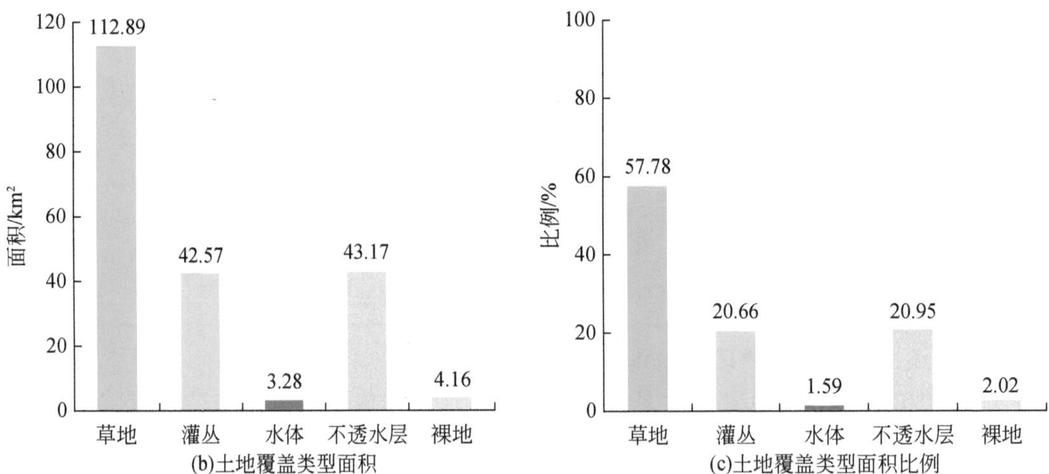

(b)土地覆盖类型面积

(c)土地覆盖类型面积比例

图 3-23 吉布提市建成区周边土地覆盖类型分布及其面积比例

3.4.3　城市发展现状与潜力评估

建成区内灯光指数已相对饱和，主要出现在港口附近，相比之下外围的灯光指数略低，有较大的发展空间（图 3-24）。

从吉布提市内部及周边的灯光指数变化速率图可以看出，建成区外西南部大部分区域灯光指数增长速率处于 1.0 以上（图 3-25），由此可见该区域在 2000 ～ 2013 年增长速率较快，而建成区内部灯光指数增长速率相对缓慢，是由于该区域较长时间内处于相对饱和状态，故其变化速率相对平缓。随着城市化进程的推进，灯光减弱现象主要反映出吉布提市周边的人口迁移状况。从灯光指数分布现状及其变化可以看出，吉布提市周边 10km 范围内，尤其是西南方向具有较大的发展潜力，将会成为城市建设的主要扩张区域。

吉布提市优越的地理位置使得其成了其他国家与非洲进行贸易交流的重要枢纽，其东邻亚丁湾与印度洋，东北接曼德海峡进入红海和苏伊士运河。因此，吉布提市的发展对于国际形势与大国博弈有着直接的影响。

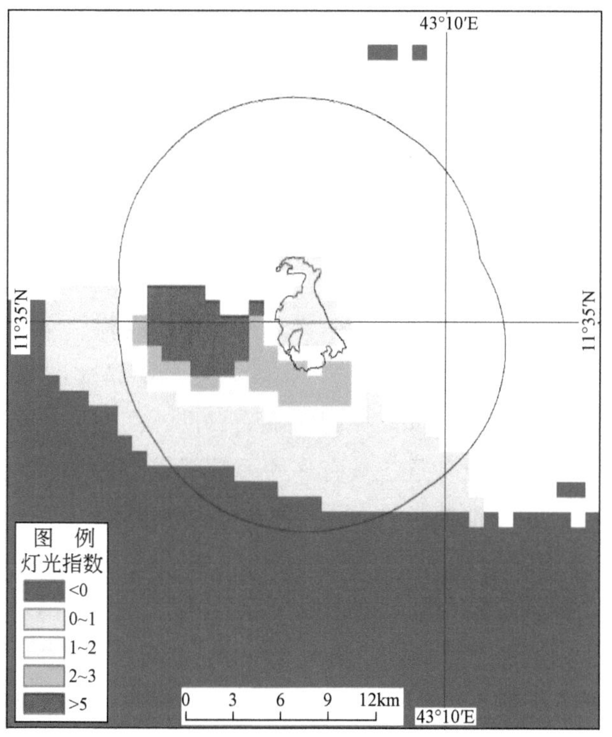

图 3-24　吉布提市 2013 年夜间灯光指数分布

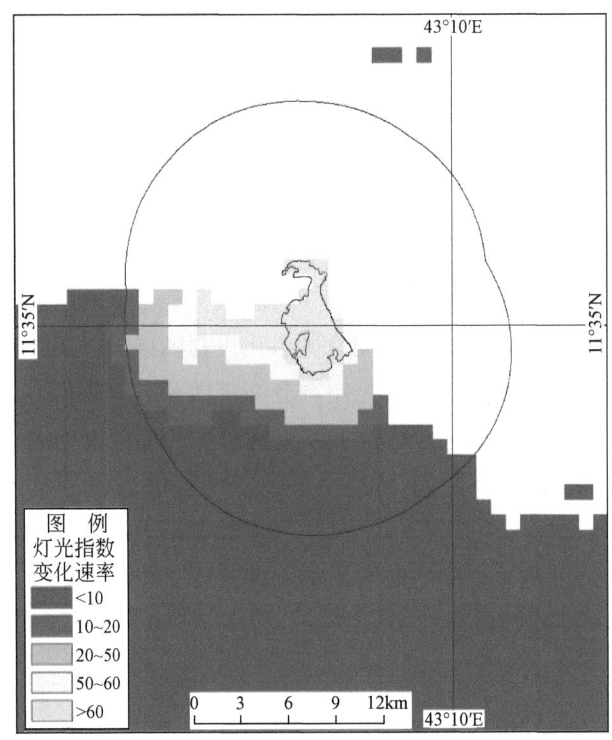

图 3-25 吉布提市 2000 ～ 2013 年灯光指数变化速率

3.5 蒙 巴 萨 市

3.5.1 概况

蒙巴萨市是肯尼亚第二大城市，位于肯尼亚东南部沿海，东临印度洋，是进入肯尼亚内地的门户，也是亚非航线的东非终点站。蒙巴萨是非洲东岸最大的港口，岸线长达 2 343m，最大水深为 13.4m。蒙巴萨拥有铁路、高速公路及输油管道直通内罗毕及其他主要城市，港口设施全备，具有多个万吨级以上的泊位。蒙巴萨市面积约为 $208km^2$，人口约 70 万。由于地处非洲、阿拉伯与印度的中间地带，其港口城市的发展历史悠久且繁荣不息。

蒙巴萨市属热带草原气候，盛行东南风，年平均气温约为 24℃，全年平均降水量约为 1 200mm。旅游业也是蒙巴萨市的重要收入来源，港口水质清澈、砂质细腻，吸引了不少外来游客前往度假消费。蒙巴萨市在未来“一带一路”中的战略位置突出，南可至塞班港，北可至红海与苏伊士运河进入北非与地中海沿岸，是我国拓展对非贸易的重要中转站。

3.5.2　典型生态环境特征

蒙巴萨市地处肯尼亚东部，是连接外海的重要枢纽（图 3-26）。蒙巴萨市城内部“水—城”交错环绕分布，地势低洼平坦，气候炎热但雨水丰富。城内植被分布较多，构成了区域独有的生态环境特征。

1. 建成区不透水层占比为 70%

从遥感影像来看（图 3-26），蒙巴萨市包括北、中和南三个主要的城市建筑群集落，且这些人工建筑都是沿河沿港而建。从城市格局上来说，蒙巴萨市属于多中心发展。蒙巴萨市内建筑面积较大，总面积约为 28.7km^2，占整个市域面积的 70%（图 3-27）。此外，水域、自然植被和裸地的面积相对均匀，自然植被交错嵌入城市建成区内，构成了良好的自然景观和生态环境。因此，蒙巴萨市也是肯尼亚著名的旅游城市。

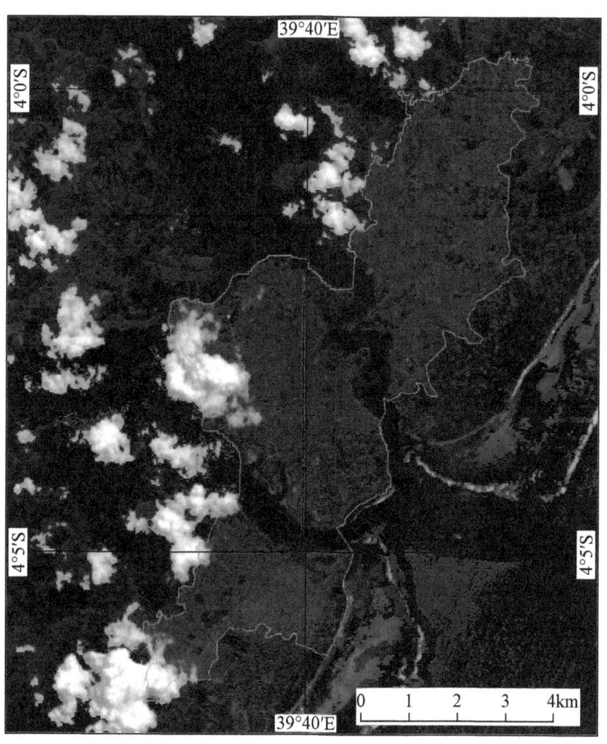

图 3-26　蒙巴萨市 Landsat 8 遥感影像

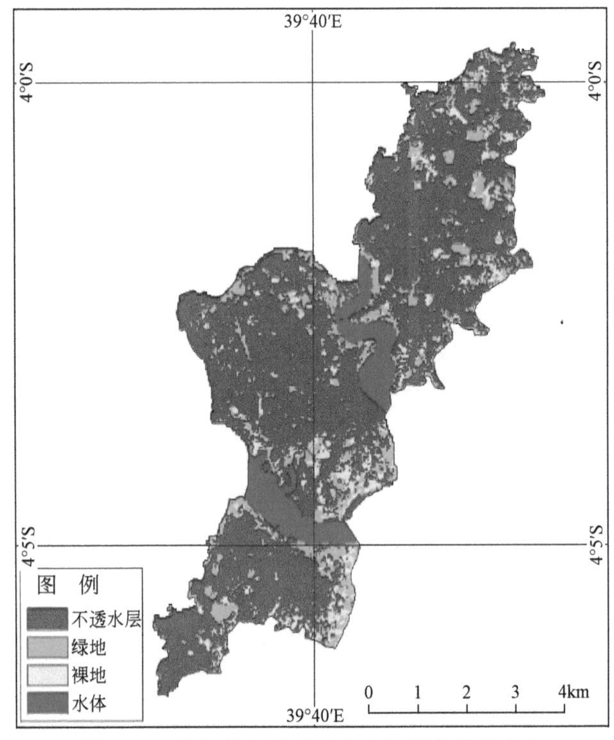

图 3-27 蒙巴萨市建成区内土地覆盖类型分布

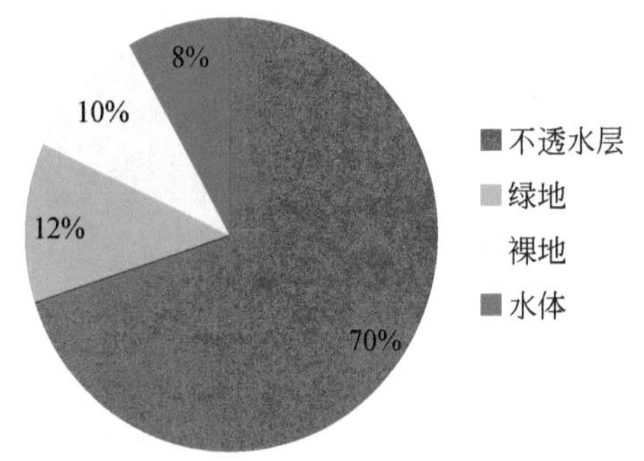

图 3-28 蒙巴萨市建成区内土地覆盖类型面积比例

2. 建成区 10km 缓冲区内以草地为主，森林资源丰富

以 2010 年 30m 土地覆盖数据为基础，蒙巴萨市建成区周边 10km 缓冲区为界线，分析其周边生态环境状况（图 3-29）。缓冲区内的土地覆盖类型丰富，其中草地的面积较大，为 248.91km^2，占地比例为 49.55%；水域较为丰富，占地面积为 82.15km^2；在缓冲区东北部森林资源丰富，面积为 59.58km^2；缓冲区内的不透水层面积为 75.21km^2，主要分布在沿海地区。

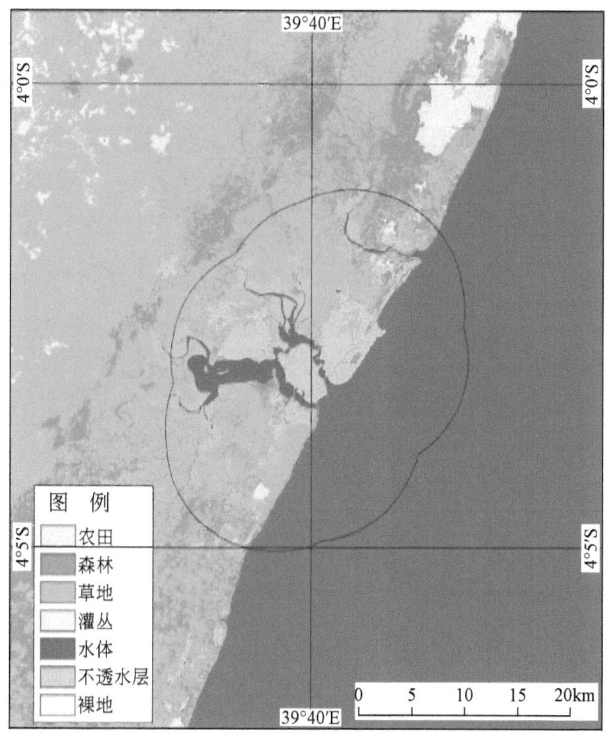

(a)土地覆盖类型分布

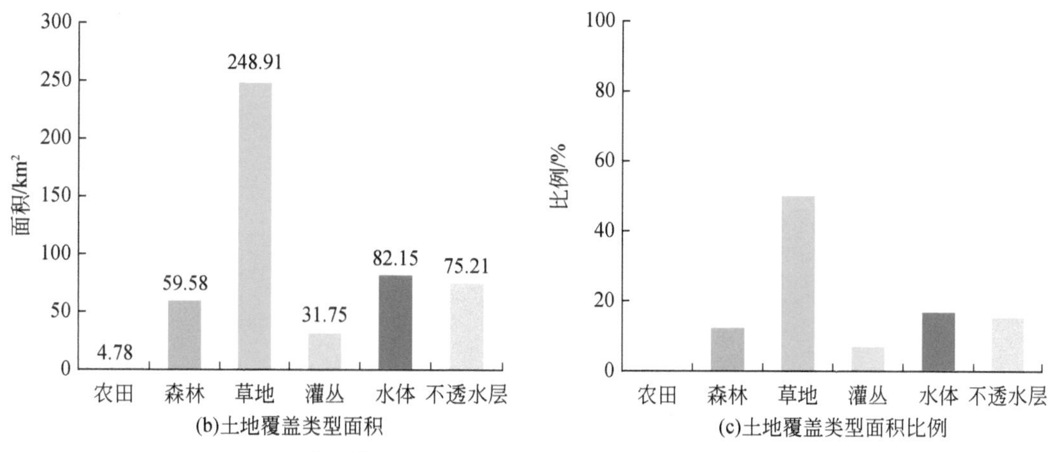

(b)土地覆盖类型面积　　(c)土地覆盖类型面积比例

图 3-29　蒙巴萨市建成区周边土地覆盖类型分布及其面积比例

3.5.3　城市发展现状与潜力评估

2013 年蒙巴萨市建成区内灯光指数已相对饱和，主要体现在城北，相比之下城南灯光指数略低，有较大发展空间（图 3-30）。

从蒙巴萨市内部及其周边的灯光指数变化速率图（图 3-31）可以看出，建成区南部

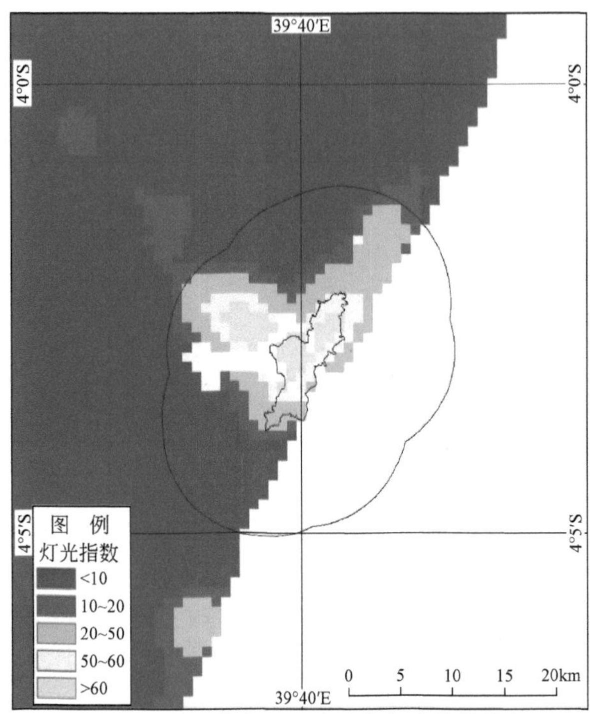

图 3-30　蒙巴萨市 2013 年夜间灯光指数分布

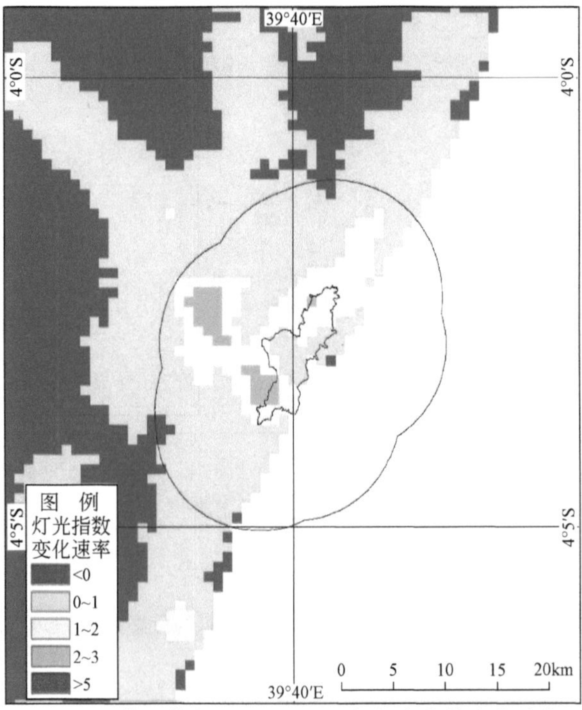

图 3-31　蒙巴萨市 2000 ～ 2013 年灯光指数变化速率

和北部外延的大部分区域灯光指数增长速率在 1.0 以上，由此可见该区域在 2000 ～ 2013 年建筑和人口的增长速度较快，而建成区中部的灯光指数增长速率相对缓慢，这是由于该区域较长时间内处于相对饱和状态。建成区外 10km 缓冲区内的大部分区域，其灯光指数增长速率保持在 0.5 以下，但也有出现灯光指数增加或减弱 / 下降的区域。随着城市化进程的推进，灯光减弱现象主要反映出蒙巴萨市周边的人口迁移状况。从灯光指数分布现状及其变化可以看出，蒙巴萨市周边 10km 范围具有较大的发展潜力，将会成为城市建设的主要扩张区域。

3.6 苏 丹 港

3.6.1 概况

苏丹港是苏丹共和国的唯一海港，红海省首府。苏丹港位于红海西岸，东北至沙特吉达港 296.32km，西北至苏伊士港 1 445km，东南至亚丁港 1 222km。苏丹港位于红海向内陆凹向的小峡湾内，码头沿线总长约 2 446m，码头间均有铁路相连（图 3-32）。苏丹港是苏丹共和国的第二大城市，市域面积约为 0.72km^2，人口为 48 万。作为苏丹共和国的唯一对外贸易港口，苏丹港承担着全国 90% 以上的进出口运输任务。在“一带一路”倡议影响下，苏丹港是承担国际海上贸易活动的重要节点城市。

3.6.2 典型生态环境特征

苏丹港濒临红海，港口区域地势平坦，气候炎热但雨水较丰富。苏丹港属热带沙漠气候，年平均气温约 29℃，全年平均降水量达 400mm。

1. 建成区不透水层占比为 77%

从遥感影像来看（图 3-32），苏丹港主要分为三个主城区，分别倚靠两条入海河流而建，沿河港建城的特征较为明显。城内建筑密集，植被分布整体较为稀少，以裸地和不透水层为主（图 3-33）。从土地利用类型来看，苏丹港内的不透水层面积约为 55.33km^2，占整个市域面积的 77%；其次是裸地，占比约为 18%。受自然条件约束，天然植被的比例较少，仅为 3%（图 3-34）。

2. 建成区 10km 缓冲区内以裸地为主

以 2010 年 30m 土地覆盖数据为基础，苏丹港建成区周边 10km 缓冲区为界线，分析其周边生态环境状况（图 3-35）。缓冲区内的裸地面积最大，占地面积为 521.65km^2，占地比例高达 83.67%；在建成区的西部分布小范围的农田，占地面积为 1.88km^2；缓冲区内的不透水层面积为 97.35km^2。

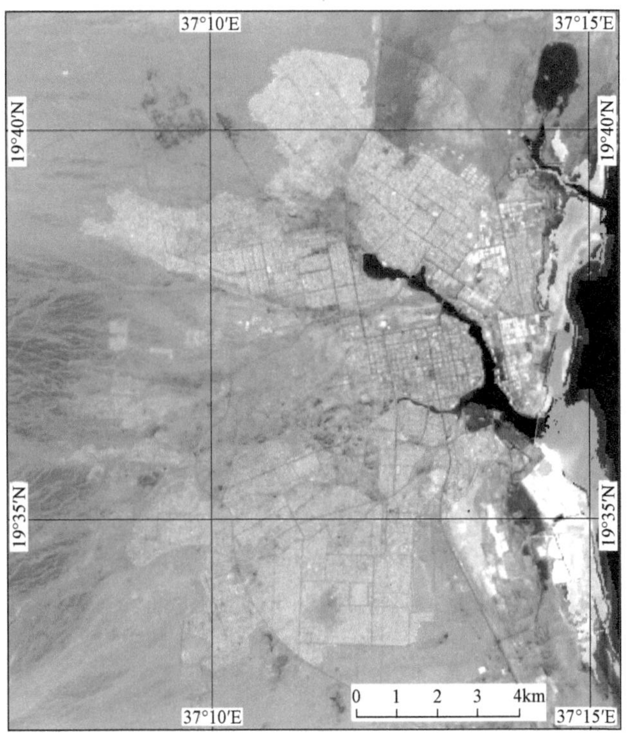

图 3-32　苏丹港 Landsat 8 遥感影像

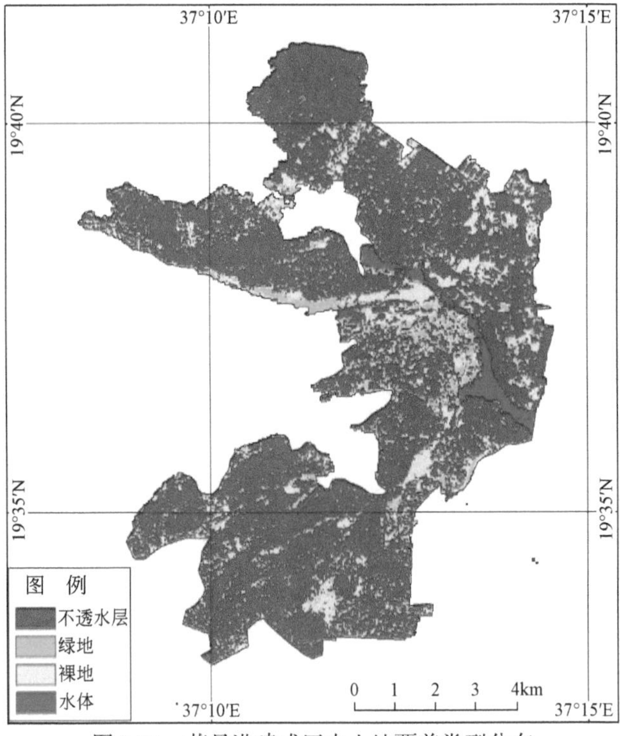

图 3-33　苏丹港建成区内土地覆盖类型分布

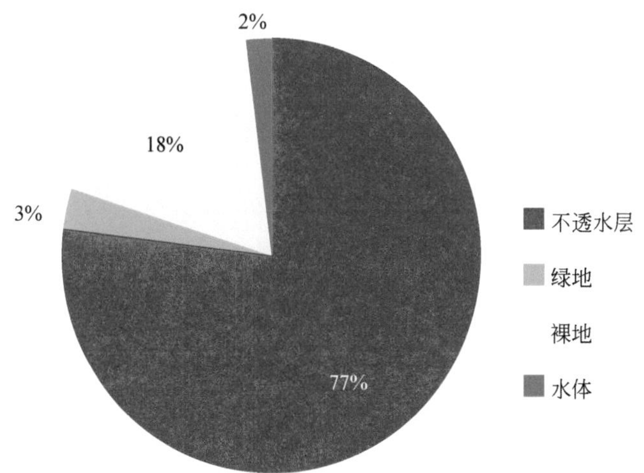

图 3-34　苏丹港建成区内土地覆盖类型面积比例

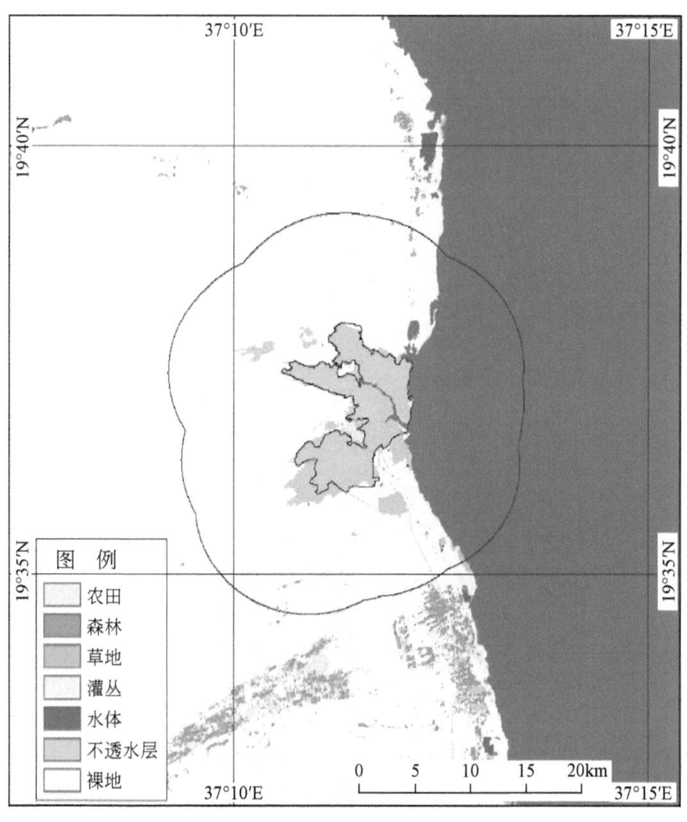

(a)土地覆盖类型分布

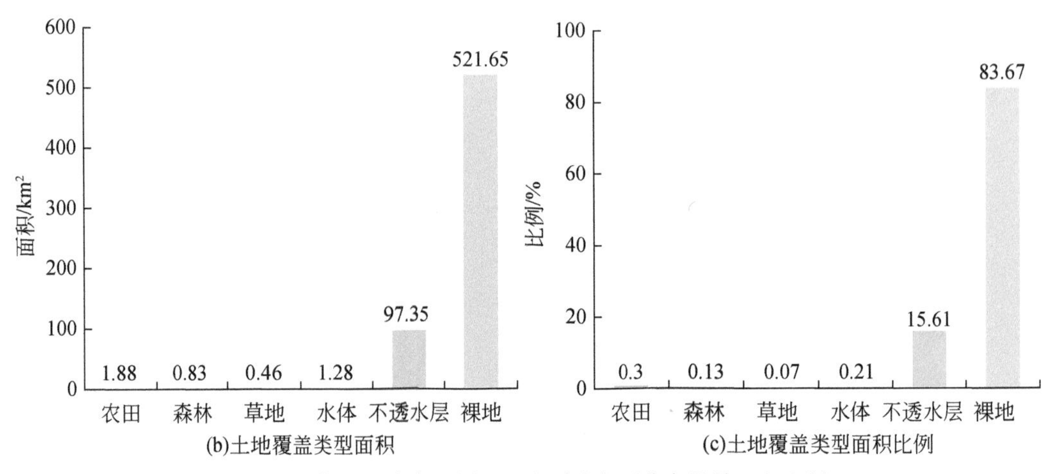

图 3-35　苏丹港建成区周边土地覆盖类型分布及其面积比例

3.6.3　城市发展现状与潜力评估

建成区内灯光指数已相对饱和，主要体现在建成区中心，相比之下建成区外围灯光指数略低，有较大发展空间（图 3-36）。

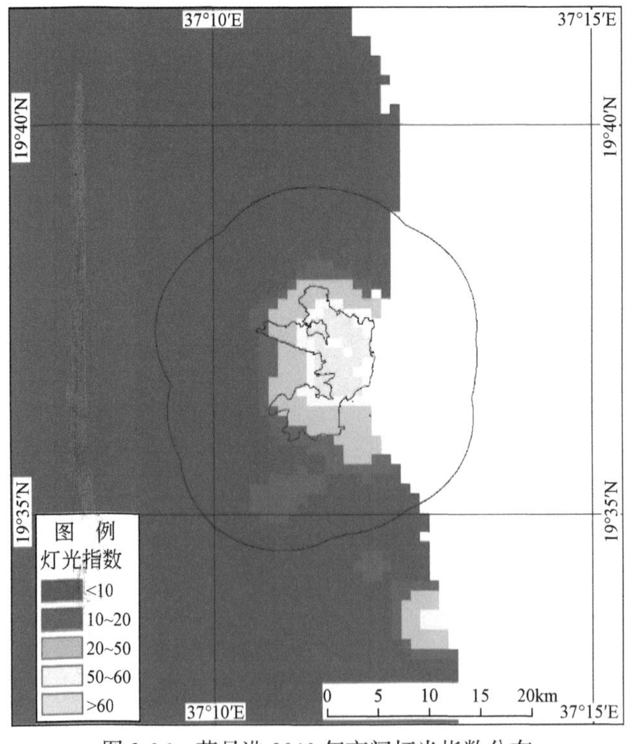

图 3-36　苏丹港 2013 年夜间灯光指数分布

从苏丹港内部及其周边的灯光指数变化速率图（图 3-37）可以看出，建成区大部分区域灯光指数增长速率在 1.0 以上，由此可见该区域在 2000 ～ 2013 年建筑和人口的增长速度较快，而建成区外围的灯光指数增长速率相对缓慢，表明苏丹港城市向外围扩张不明显，故其变化速率相对平缓。建成区外 10km 缓冲区内的大部分区域，其灯光指数增长速率保持在 0.5 以下，甚至出现灯光指数减弱或下降的区域。随着城市化进程的推进，灯光减弱现象主要反映出苏丹港周边的人口迁移状况，人口主要从建成区外向建成区内迁移。从灯光指数分布现状及其变化可以看出，苏丹港周边 10km 范围具有开发程度较低，具有较大的发展潜力，未来建成区趋于饱和之后将有可能成为城市建设的主要扩张区域。

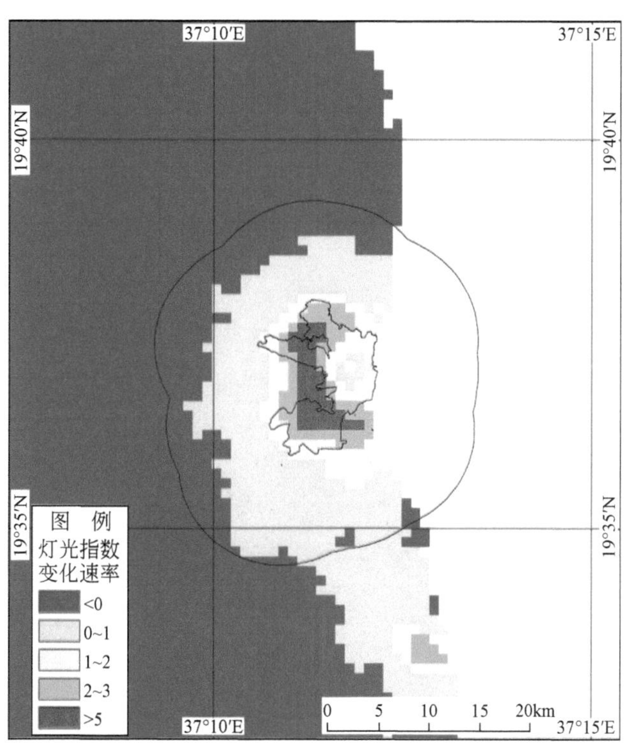

图 3-37　苏丹港 2000 ～ 2013 年灯光指数变化速率

3.7　小　　结

非洲东北部区“一带一路”建设的实施重点是通过“21 世纪海上丝绸之路”中重要节点城市、港口的跨越式发展，带动区域可持续发展。非洲东北部区的苏伊士市、塞得港、亚历山大市、吉布提市、苏丹港、蒙巴萨市是承载着“21 世纪海上丝绸之路”的重要战略通道。就以上城市的发展及变化来看，多数城市的城市面貌在过去的 14 年间（2000 ～ 2013 年）有了明显的变化和改善，城市灯光亮度增强，城市范围不断扩张，从而反映出城市内部及外延的变化。另外，受气候因素和地域特征的影响，城市周边的土地覆盖类型主要以裸地为主，城市生态环境有待改善，仅建成区内的植被占有率较高。随着“一带一路”建设的逐步践行和落实，基础设施的不断建设和完善，势必会带动沿线各国和节点城市的经济发展，进一步增强中国与非洲东北部区国家的双边贸易关系，加强物资流通，促进经济贸易、社会发展和文化交流，进而拉动非洲城市内需和外延，推动城市的发展。

参考文献

国家统计局 .2015.http：//www.stats.gov.cn/.2016-12-01.

黄贤金 . 2014. 非洲土地资源与粮食安全 . 南京：南京大学出版社 .

姜忍忠 . 2014. 现代非洲人文地理 . 南京：南京大学出版社 .

联合国粮食及农业组织（FAO）.2015.http：//faostat.fao.org/.2016-12-05.

世界银行 .2015.http：//data.worldbank.org.cn/.2016-12-10.

外交部 .2015.http：//www.fmprc.gov.cn/web/gjhdq_676201/gj_676203/fz_677316/.2016-12-01.

新华网 .2015."十大合作计划"助力中非关系升级 .http：//news.xinhuanet.com/world/2015-12/05/c_128501681.2015-12-05

叶玮，朱东丽 . 2013. 当代非洲资源与环境 . 杭州：浙江人民出版社 .